FORSCHUNGSBERICHTE DES LANDES NORDRHEIN-WESTFALEN

Nr. 2144

Herausgegeben im Auftrage des Ministerpräsidenten Heinz Kühn
von Staatssekretär Professor Dr. h. c. Dr. E. h. Leo Brandt

Prof. Dr.-Ing. Dres. h. c. Herwart Opitz
Prof. Dr.-Ing. Wilfried König
Dr.-Ing. Bernd Blankenstein
Dipl.-Ing. Klaus Langhammer

Laboratorium für Werkzeugmaschinen und Betriebslehre
der Rhein.-Westf. Techn. Hochschule Aachen

Statische und dynamische Schnittkräfte beim Drehen und ihre Bedeutung für den Bearbeitungsprozeß

SPRINGER FACHMEDIEN WIESBADEN GMBH 1970

ISBN 978-3-663-20116-8 ISBN 978-3-663-20477-0 (eBook)
DOI 10.1007/978-3-663-20477-0

Verlags-Nr. 012144

Ursprünglich erschienen bei Westdeutscher Verlag GmbH, Köln und Opladen 1970

Gesamtherstellung: Westdeutscher Verlag

Inhalt

1. Einleitung und Aufgabenstellung

Die Forderung nach einer rationellen Fertigung bei der spanenden Bearbeitung verlangt in zunehmendem Maße eine genaue Kenntnis der bei der Spanbildung ablaufenden Vorgänge. Insbesondere durch den stetig wachsenden Einsatz automatischer und halbautomatischer Werkzeugmaschinen in Verbindung mit einer möglichen Optimierung der Bearbeitungsbedingungen ist eine genaue Kenntnis über die Beeinflussung der Zerspanbarkeitskenngrößen Verschleiß, Oberflächengüte und Schnittkraft durch die Spanentstehung notwendig.
Aus den während der Spanabnahme auftretenden Schnittkräften lassen sich wichtige Erkenntnisse über die Spanbildung und darüber hinaus über die statische und dynamische Belastung von Werkstück, Werkzeug und Werkzeugmaschine gewinnen. Hierzu wurden in der Zerspanforschung bisher umfangreiche Messungen und Berechnungen durchgeführt, die es gestatten, Größe und Richtung der auftretenden Schnittkräfte bei den verschiedensten Bearbeitungsbedingungen anzugeben [1–12].
Bis auf wenige Ausnahmen beschränken sich die Untersuchungen jedoch auf die Bestimmung statischer Kraftkomponenten, die an einem Werkzeug ohne Verschleiß gemessen werden. Der mit steigendem Verschleiß auftretende Schnittkraftzuwachs sowie die auftretenden Schnittkraftschwankungen bleiben unberücksichtigt.
Über die Ursachen und die Höhe der durch den Zerspanvorgang verursachten Wechselkräfte sowie ihre Auswirkung auf die Oberflächengüte und Fertigungsgenauigkeit eines zu bearbeitenden Werkstückes liegen nur sehr wenige Ergebnisse vor. Dies ist darauf zurückzuführen, daß die genaue Bestimmung hochfrequenter dynamischer Schnittkräfte bei gleichzeitiger Erfassung der statischen Schnittkräfte hohe Anforderungen an das Meßsystem stellt.
Im folgenden werden die Ergebnisse von Untersuchungen über die Ursachen der durch den Zerspanprozeß erzeugten Wechselkräfte sowie die Zusammenhänge zwischen dem dynamischen Schnittkraftanteil und den Zerspanbarkeitskennwerten in Abhängigkeit von den Bearbeitungsbedingungen wiedergegeben. Weiterhin wird über die Entwicklung eines dazu erforderlichen Schnittkraftmessers berichtet, der bei hoher Eigenfrequenz und Empfindlichkeit eine universelle Einsatzmöglichkeit bietet und eine ständige Kontrolle der beim Drehprozeß auftretenden Schnittkräfte und Schnittkraftschwankungen erlaubt. Erst bei genauer Kenntnis der Abhängigkeit der dynamischen Schnittkräfte von den verschiedenen Einflußgrößen können Maßnahmen zur Verminderung dieser Schnittkraftanteile und somit zur Erhöhung der Stabilität des Schneidprozesses getroffen werden. Außerdem wird auf die Möglichkeit hingewiesen, durch die kontinuierliche Überwachung der statischen Schnittkraft eine adaptive Regelung des Zerspanprozesses zu verwirklichen, wenn der funktionale Zusammenhang zwischen Schnittkraft- und Verschleißzunahme bekannt ist.

2. Entwicklung eines Dreikomponenten-Schnittkraftmessers zur Ermittlung statischer und dynamischer Schnittkräfte

Den bei der Spanbildung auftretenden Schnittkräften zwischen Werkzeug und Werkstück ist seit Beginn der Zerspanforschung ein großes Interesse entgegengebracht worden. Dieses ist zum Teil darauf zurückzuführen, daß die Schnittkraftmessung im Gegensatz zur Verschleiß- und Oberflächenmessung stets gleichzeitig mit der Spanabnahme erfolgt. Auf Grund dieser Gegebenheit hat man vielfach versucht, aus den Schnittkräften Zerspanbarkeitskennwerte abzuleiten, die als Maß für die Verschleißwirkung des bearbeiteten Werkstoffes angesehen werden können. Hierbei geht man von der Überlegung aus, daß die Schnittkräfte kennzeichnend für die bei der Spanbildung auftretenden Verformungs-, Trenn- und Reibvorgänge sind.

Darüber hinaus sind Angaben über die Höhe der Zerspankräfte hinsichtlich der statischen und dynamischen Belastung von Werkstück, Werkzeug und Werkzeugmaschine sowie der benötigten Antriebsleistung von Bedeutung. Im allgemeinen wird bei einem üblichen dreidimensionalen Zerspanvorgang die Zerspankraft F_Z entsprechend den Bewegungsrichtungen von Werkzeug und Werkstück zerlegt (Abb. 1).

Als wichtigste Kraftkomponenten ergeben sich hieraus die Hauptschnittkraft F_H als Projektion der Zerspankraft auf die Schnittrichtung, die Vorschubkraft F_V als Projektion der Zerspankraft auf die Vorschubrichtung und die Rückkraft F_R als Komponente senkrecht zur Arbeitsfläche.

Während der Spanabnahme liegt für die einzelnen Zerspanverfahren jeweils ein typischer Schnittkraftverlauf vor. Bei der Bearbeitung im unterbrochenen Schnitt, wie zum Beispiel beim Fräsen, Hobeln, Stoßen oder Räumen, schwankt der Spanungsquerschnitt entsprechend den Eingriffsverhältnissen des Werkzeuges ständig zwischen Extremwerten. Die Frequenzen und Amplituden der hierdurch bedingten Schnittkraftschwankungen lassen sich in ihrer Größenordnung mit Hilfe rechnerischer Verfahren abschätzen [6, 7] und sind in Tab. 1 in ihrer Größenordnung für die jeweils angegebenen Zerspanbedingungen gegenübergestellt.

Auch bei der Zerspanung mit konstantem Spanungsquerschnitt tritt stets ein dynamischer Schnittkraftanteil auf. Als Ursache kommen hierfür verschiedene Erregerquellen in Frage, die sowohl einzeln als auch gemeinsam wirken können. Hierbei besteht die Möglichkeit, daß sich die Frequenzbereiche mehrerer Erregerquellen überschneiden und somit eine verstärkte Schwingungsintensität verursachen.

Abb. 2 zeigt die verschiedenen Erregerquellen für Schnittkraftschwankungen und die Frequenzbereiche, in denen sie unter üblichen Bearbeitungsbedingungen zu beobachten sind. Es wird deutlich, daß die genannten Wechselkräfte, die sowohl durch den Zerspanprozeß als auch durch die Werkzeugmaschine bedingt sind, nicht nur zu erzwungenen Schwingungen führen, sondern auch Anstoß zu selbsterregten Schwingungen sein können, da sie in Frequenzbereichen auftreten, die mit den Resonanzbereichen des Werkzeuges, seiner Einspannung und des Systems Spindel–Werkstück–Reitstock übereinstimmen [13–16]. Mit Ausnahme der Spanlamellenbildung und der Meißeleigenfrequenz liegen nach den bisherigen Erkenntnissen die wichtigsten Erregerquellen unter 1,5 kHz. Dementsprechend sind an einen Schnittkraftmesser, der Schnittkraftschwankungen bis zu dieser Frequenz noch amplitudentreu und phasenrein erfassen soll, hohe und vielseitige Anforderungen zu stellen. Als wesentliche Eigenschaften sind hierbei zu nennen:

- eine hohe Eigenfrequenz des Meßsystems, das heißt eine statische und dynamische Steifigkeit, die der Charakteristik einer normalen Werkzeugeinspannung entspricht,
- eine hohe Empfindlichkeit bei geringen Meßwegen (zur Vermeidung von unerwünschten Änderungen der Eingriffsverhältnisse),
- eine geringe gegenseitige Beeinflussung der einzelnen Kraftkomponenten,
- eine große Meßsicherheit, das heißt ungehinderter Spanablauf, leichte Eichung, geringe Hysterese- und Nullpunktfehler, geringe Temperaturbeeinflussung,
- eine universelle Einsatzmöglichkeit, das heißt großer Meßbereich, geringe Baugröße, Verwendung normaler Werkzeuge, gute Anpassung an vorhandene Werkzeugmaschinen und Meßgeräte.

Die Berücksichtigung aller dieser Eigenschaften erfordert bei der Entwicklung eines Schnittkraftmessers zum Teil gegenläufige Maßnahmen. Insbesondere ist eine hohe Empfindlichkeit bei hoher Steifigkeit bzw. Eigenfrequenz und gleichzeitig geringer gegenseitiger Beeinflussung der Kraftkomponenten nur sehr schwer zu erreichen.

2.1 Übersicht über bereits bestehende Meßsysteme

Zur Messung statischer Schnittkräfte ist bereits eine große Anzahl verschiedener Dreikomponenten-Schnittkraftmesser verwendet worden [2–4, 17–20]. Bei diesen Meßgeräten wurde zugunsten anderer Eigenschaften auf eine hohe dynamische Steifigkeit verzichtet. Es hat sich jedoch bei Vergleichsmessungen unter Verwendung verschiedener Schnittkraftmesser gezeigt [21], daß infolge des unterschiedlichen statischen und dynamischen Verhaltens der einzelnen Meßsysteme Streuungen in den Ergebnissen statischer Schnittkraftuntersuchungen auftreten. Dieses ist einerseits darauf zurückzuführen, daß auf Grund der unterschiedlichen Steifigkeiten jeweils andere Eingriffsverhältnisse vorliegen und andererseits darauf, daß bei Auftreten von Schwingungen die angezeigten Meßwerte durch Resonanzüberhöhungen verfälscht werden [22]. Die Versuchsergebnisse führten zu der Erkenntnis, daß auch zur exakten Bestimmung statischer Schnittkräfte Meßsysteme mit guten dynamischen Eigenschaften eingesetzt werden müssen. In der Literatur sind derartige Schnittkraftmesser beschrieben. Sie besitzen als Meßwertgeber zum Teil Dehnungsmeßstreifen [23–26], berührende [52] oder berührungslose induktive [27] oder piezoelektrische [28–30] Aufnehmer. Tab. 2 gibt eine Zusammenstellung der wichtigsten bisher bekannten dynamischen Schnittkraftmesser und deren Eigenschaften. Zum Vergleich sind auch die Daten der im Rahmen dieses Forschungsvorhabens (Kapitel 2.3) entwickelten Meßstahlhalter eingetragen.

Wie aus der Aufstellung hervorgeht, handelt es sich bei den bereits bekannten Systemen fast ausschließlich um Konstruktionen, die mit speziellen, fest eingebauten Werkzeugen arbeiten und einen dementsprechend begrenzten Einsatzbereich haben. Außerdem besitzen sie mit Ausnahme der piezoelektrischen Meßsysteme nur eine geringe Meßsicherheit, das heißt die kleinste aufzulösende Kraft beträgt 5 kp, wobei die Meßgenauigkeit noch etwa 1% des maximalen Meßwertes ist. Für exakte dynamische Schnittkraftuntersuchungen wird diese geringe Empfindlichkeit in vielen Fällen nicht ausreichend sein.

Auf Grund der kleinen Meßwege (Verformungen) scheinen piezoelektrische Meßwertgeber für dynamische Messungen besonders geeignet zu sein. Die Schnittkraftmesser von Bickel [28] und Fischer [29] verbinden eine hohe Eigenfrequenz mit einer großen Empfindlichkeit. Allerdings können auch bei diesen Systemen keine normalen Werkzeuge verwendet werden.

Aus den bisherigen Schnittkraftuntersuchungen ist bekannt, daß die Höhe und Richtung der auftretenden Zerspankraft F_Z bei gegebenem Werkstoff und Schneidstoff durch die Bearbeitungsbedingungen beeinflußt werden. Deshalb ist es sowohl für statische als auch für dynamische Messungen von großer Bedeutung, wenn der eingesetzte Schnittkraftmesser die Verwendung üblicher Werkzeuge und damit eine Variation der Schneidengeometrie gestattet.
Es ergab sich somit die Aufgabe, einen Meßstahlhalter zu entwickeln, der die beschriebenen Anforderungen an einen Dreikomponenten-Schnittkraftmesser erfüllt und insbesondere eine so hohe Eigenfrequenz besitzt, daß Schnittkraftschwankungen bis zu einer Frequenz von 1,5 kHz ohne nennenswerte Resonanzüberhöhung gemessen werden können. Schwingungen, die mit einer höheren Frequenz auftreten, lassen sich, wie noch gezeigt wird, im allgemeinen durch die Wahl günstiger Bearbeitungsbedingungen stark vermindern, so daß die hierdurch hervorgerufenen Wechselkräfte ohne praktische Bedeutung sind.
Auf Grund der bisherigen Erfahrungen bieten sich als Meßwertgeber einerseits Piezoquarze, andererseits Halbleiterdehnungsmeßstreifen an. Quarze bieten den Vorteil einer leichten Komponententrennung, stellen aber hohe Anforderungen an die elektrische Isolation von Aufnehmer und Ladungsverstärker. Halbleiterdehnungsmeßstreifen sind relativ einfach in der Handhabung, verursachen jedoch einen größeren Aufwand in Konstruktion und Fertigung des Schnittkraftmessers. In den folgenden Kapiteln soll die entsprechende Konstruktion eines piezoelektrischen Meßsystems näher erläutert werden.

2.2 Die piezoelektrische Dreikomponenten-Kraftmeßzelle

Der Einsatz von Piezoquarzen bei der Messung schnell wechselnder Kräfte und Drücke hat in der modernen Meßtechnik weite Verbreitung gefunden. Die bedeutende Überlegenheit dieses kraftempfindlichen Meßprinzips gegenüber wegempfindlichen Meßverfahren liegt darin, daß die Steifigkeit der Meßanordnung ohne Einbuße an Empfindlichkeit nahezu beliebig gesteigert werden kann. Bedingt durch das Prinzip des piezoelektrischen Effektes ist die Anwendung dieser Kraftaufnehmer zwar auf die Messung von dynamischen und quasistatischen Vorgängen beschränkt, jedoch ist bei Einsatz moderner Ladungsverstärker unter bestimmten Voraussetzungen auch eine Erfassung von Vorgängen möglich, welche über mehrere Minuten bis Stunden ablaufen [31]. Die gleichzeitige Verwendung von druck- und schubempfindlichen Quarzen als Meßwertgeber ermöglicht darüber hinaus eine relativ einfache und exakte Aufteilung einer räumlich angreifenden Kraft in drei senkrecht zueinander stehenden Komponenten [28, 32].
Bei dem Bau des für die geplanten Untersuchungen notwendigen Meßstahlhalters wurden deshalb piezoelektrische Dreikomponenten-Kraftmeßzellen eingesetzt. Den prinzipiellen Aufbau einer derartigen Meßzelle zeigt Abb. 3. Der eigentliche Aufnehmer besteht aus drei Quarzplattenpaaren, von denen das mittlere, den longitudinalen direkten Piezoeffekt ausnützend, zur Messung der Hauptschnittkraft F_H dient. Die beiden anderen Plattenpaare sind als Schubquarze ausgebildet, das heißt, an den Elektroden entsteht nur Ladung bei einer reinen Schubbeanspruchung. Die Schubquarze werden in ihrer Wirkungsrichtung um 90° versetzt eingebaut, so daß mit ihnen die Rückkraft F_R und die Vorschubkraft F_V gemessen werden können.
Zur Herstellung der Meßzellen verwendet man im allgemeinen synthetische Quarze, die gegenüber natürlichen Quarzen den Vorteil einer hohen Reinheit und damit gleichmäßigen Empfindlichkeit aufweisen. Die einzelnen Quarzplatten werden je nach der

gewünschten Beanspruchungsart (Druck- oder Schubanzeige) so aus dem Kristall herausgeschnitten, daß die Richtung der zu messenden Kraft stets mit der Richtung einer polaren Achse des Quarzes übereinstimmt, das heißt, Druckquarze werden senkrecht zur polaren Achse, Schubquarze senkrecht zur mechanischen Achse aus dem Quarzkristall geschnitten (Abb. 4). Die Verwendung von Quarzpaaren für jede Meßrichtung erfolgt einerseits zur Erzielung einer höheren Empfindlichkeit und andererseits zur Vereinfachung der elektrischen Isolation.

2.3 Konstruktion des Dreikomponenten-Schnittkraftmessers

Der entwickelte Dreikomponenten-Schnittkraftmesser, der vier piezoelektrische Kraftmeßzellen als Meßwertgeber besitzt, ist in Abb. 5 in einer Schnittzeichnung wiedergegeben. Die Meßzellen liegen zwischen Grund- und Deckplatte und werden mit Hilfe von sechs Schrauben symmetrisch auf je 1500 kp vorgespannt. Die Meißelhalterung ist zur Verminderung der schwingenden Masse aus einer hochfesten Aluminiumlegierung hergestellt. Der maximale verwendbare Schaftquerschnitt des Werkzeuges beträgt bei beliebiger Schaftlänge für dieses System 25×25 mm². Der durchgehende Schacht der Meißelhalterung gestattet darüber hinaus während der Schnittkraftmessung auch eine gleichzeitige Erfassung der Schnittemperatur nach dem Einmeißelverfahren. Es besteht außerdem grundsätzlich die Möglichkeit, die Meißelhalterung für größere Schaftquerschnitte auszulegen. Hierdurch wird aber zwangsläufig die schwingende Masse erhöht, was sich ungünstig auf die Eigenfrequenz des Schnittkraftmessers auswirkt.
Andererseits kann zur Verminderung der schwingenden Masse auch die Meißelhalterung abgenommen und das Werkzeug direkt mit der Deckplatte verschraubt werden. Hierzu müssen die Werkzeuge zwar entsprechend der Größe der Befestigungsschrauben mit Querbohrungen versehen werden; es ergibt sich jedoch der Vorteil, daß ein vollkommen freier Spanabfluß garantiert wird, so daß eine Beeinflussung des Spanbildungsprozesses durch die räumliche Anordnung der Werkzeugeinsparung nicht mehr auftreten kann.
Der Schnittkraftmesser ist in erster Näherung als ein gedämpftes Feder–Masse-System zu betrachten, dessen Auslenkung x als Maß für die unbekannte Kraft dient. Auf Grund der hohen Steifigkeit der Quarzsäulen (E-Modul $\sim$ 8000 kp/mm²), ergeben sich bei Belastung jedoch äußerst geringe Meßwege, so daß die Eichung des Systems über eine Kraft–Weg-Funktion mit großen Ungenauigkeiten verbunden ist. Als Maß für die Belastung einer piezoelektrischen Kraftmeßzelle dient deshalb stets die entstehende elektrische Ladung.

2.4 Eichung des Schnittkraftmessers

Die Ermittlung der statischen Eichkurven des Schnittkraftmessers geschieht auf einer hydraulischen Presse, wobei die Belastung mit Hilfe eines Kraftmeßbügels bestimmt wird. Die in den Quarzmeßzellen erzeugten Ladungen werden über Ladungsverstärker in eine elektrische Spannung umgewandelt, die ihrerseits zum Beispiel von einem Direktschreiber, einem Oszillographen oder einem Voltmeter aufgezeichnet wird. Die Eichkurven sind linear, wobei sich eine nennenswerte Komponentenbeeinflussung nur bei Belastung in Richtung der Vorschubkraft ergibt. Diese dürfte in erster Linie auf eine Verformung der Vorspannschrauben zurückzuführen sein, die auf Grund der räumlichen Anordnung der Vorspannschrauben und der Abmessungen der Meißelhalterung bei Belastung in Vorschubrichtung größer ist als bei einer Belastung in Rückkraftrichtung.
Da die gegenseitige Beeinflussung der einzelnen Komponenten im gesamten Meßbereich

linear verläuft, ist eine nahezu vollständige Kompensation mit Hilfe von Rechenverstärkern möglich [66]. Der Einsatz eines solchen Kompensationsgerätes ist erforderlich, da sich ohne Kompensation die einzelnen Kraftkomponenten bis zu 10% beeinflussen. Ein entsprechendes Gerät wurde speziell für die piezoelektrische Kraftmeßzelle entwickelt und bei den Versuchen eingesetzt.

Abb. 6 gibt die Eichkurven des Schnittkraftmessers nach der Kompensation wieder. Ihr Verlauf ist im gesamten Meßbereich linear und ohne Hysterese. Die Ansprechschwelle des Gerätes liegt für alle drei Komponenten bei 0,01 kp.

Die exakte Messung von zeitlich veränderlichen Kräften wird weitgehend von dem dynamischen Verhalten des Schnittkraftmessers bestimmt. Die Eigenfrequenz des Meßstahlhalters muß so hoch liegen, daß der Einfluß der Vergrößerungsfunktion des schwingenden Systems im praktisch auftretenden Meßbereich auf den jeweiligen Meßwert möglichst klein ist. Die dynamische Eichung des Schnittkraftmessers stellt hierbei ein großes Problem dar. Umfangreiche Untersuchungen haben ergeben, daß eine dynamische Eichung mit Hilfe einer Aufnahme von Abklingkurven des Systems unzureichend ist. Bei der Ermittlung der Abklingkurve wird das System durch einen äußeren Kraftstoß zu Eigenschwingungen angeregt. Infolge der vorhandenen Dämpfung klingt die erregte Eigenschwingung ab. Die Schwingungsamplituden werden mit zunehmender Zeit t kleiner, die aufeinanderfolgenden Schwingungen besitzen jedoch immer die gleiche Periodendauer T. Die Abklinggeschwindigkeit der Schwingung ist ein Maß für die Dämpfung, und aus dem Verhältnis der Amplituden aufeinanderfolgenden Schwingungen kann die Dämpfung D berechnet werden. Die Eigenfrequenz läßt sich aus der Schwingzeit (Periode) T einer vollen Schwingung ermitteln.

Ein Schnittkraftmesser stellt praktisch einen Mehrmassenschwinger dar, das heißt, das System hat mehrere Eigenfrequenzen, die bei einer Kraftmessung eine Verfälschung des Kraftmeßwertes infolge Resonanzüberhöhung bewirken. Bei diesem System könnten mit Hilfe einer Abklingkurve die einzelnen Eigenfrequenzen bestimmt werden, wobei die dominierende Eigenfrequenz, das heißt die niedrigste Eigenfrequenz, sich in der Regel am leichtesten ermitteln läßt.

Zu einer genauen und sicheren Messung der Schnittkräfte kann der Schnittkraftmesser nur in dem Frequenzbereich vor der ersten Resonanzüberhöhung eingesetzt werden. Um das dynamische Verhalten des Schnittkraftmessers in diesem Frequenzbereich exakt zu beschreiben, wurde mit Hilfe des in Abb. 7 gezeigten Meßaufbaus die Resonanzkurve ermittelt. Das eingespannte Werkzeug wird durch einen Wechselkrafterreger dynamisch belastet. Die Frequenz der Wechselkraft kann über einen Sinusgenerator stufenlos variiert werden. Zur exakten Bestimmung des dynamischen Verhaltens des Schnittkraftmessers muß die belastende Wechselkraft unabhängig von der Frequenz eine konstante Höhe besitzen.

Diese Forderung wird jedoch von Wechselkrafterregern bei Frequenzen > 1 kHz meist nicht erfüllt. Deshalb muß die Höhe des Eingangssignals mit Hilfe eines (piezoelektrischen) Kraftaufnehmers ständig kontrolliert werden. Bei Aufzeichnung der Resonanzkurve des Schnittkraftmessers wird dann das Eingangssignal X_E zum Ausgangssignal X_A ins Verhältnis gesetzt und gleichzeitig die Phasenlage von X_A zu X_E bestimmt. Zur Vermeidung von Kontaktresonanzen zwischen Wechselkrafterreger und Kraftmeßzelle sowie zwischen Kraftmeßzelle und Versuchswerkzeug im untersuchten Frequenzbereich sind die einzelnen Elemente durch eine Schraubenverbindung fest aneinandergekoppelt.

Abb. 8 zeigt die Resonanzkurven für die einzelnen Komponenten des Schnittkraftmessers. Die Eigenfrequenz liegt für die Hauptschnittkraftrichtung bei etwa 4 kHz, für die Rück- und Vorschubkraftrichtung bei 3 bzw. 2,6 kHz. Die Dämpfung des Systems – ermittelt nach der Gleichung

$$D = \frac{X_{stat}}{2\,X_{dyn}}$$

beträgt für alle Komponenten ~ 0,1. Die erste Resonanzerhöhung ergibt sich für die Hauptschnittkraftrichtung bei $f = 2$ kHz, für die beiden anderen Komponenten bei $f = 1{,}6$ kHz. Demnach ist mit diesem Meßstahlhalter eine Messung von Schnittkraftschwankungen bis zu einer Frequenz von $f = 1{,}5$ kHz ohne Verfälschung infolge der Vergrößerungsfunktion des schwingenden Systems möglich. Eine direkte Verschraubung des Meißels mit der Deckplatte bewirkt eine Verminderung der schwingenden Masse des Systems von 2,2 auf 1,2 kg, wodurch der Einsatzbereich des Meßstahlhalters bis auf Frequenzen von ca. 2 kHz steigt. Eine weitere Verbesserung ist dadurch zu erreichen, daß die Deckplatte zur Gewichtsersparnis aus einer hochfesten Aluminiumlegierung hergestellt wird. Für die geplanten Versuche erschien der bestehende Meßbereich jedoch als ausreichend.
Infolge Wärmestrahlung durch die anfallenden Späne und Wärmeleitung von der Spanentstehungsstelle her tritt während des Bearbeitungsvorganges eine Temperaturerhöhung des gesamten Meßsystems ein. Da der Piezoeffekt im Bereich von $-60\,^\circ$C bis $+150\,^\circ$C praktisch temperaturunabhängig ist, kann sich die Temperaturerhöhung nur über eine Vorspannungsänderung auf die F_H-Komponente auswirken. Durch die Verwendung von Vorspannschrauben aus Invarstahl wird jedoch eine derartige Beeinflussung praktisch vermieden, da Invarstahl nur einen sehr geringen Wärmeausdehnungskoeffizienten besitzt.

2.5 Einsatz des Schnittkraftmessers zur Überwachung des Zerspanprozesses

Der Einsatzbereich des Schnittkraftmessers ist auf Grund der konstruktiven Auslegung des Systems auf statische Maximalkräfte von 1000 kp in Hauptschnittkraft- bzw. 500 kp in Vorschub- und Rückkraftrichtung beschränkt. Auf den dynamischen Einsatzbereich wurde bereits im Kapitel 2.4 hingewiesen. Die Anwendung dieses Meßsystems ist aber nicht nur auf den Drehprozeß begrenzt. Nach einer Entfernung der Meißelhalterung kann ein Werkstück auf der Deckplatte des Schnittkraftmessers befestigt werden. Auf diese Weise kann auch der Schnittkraftverlauf beim Fräsen, Hobeln, Außenräumen oder Flachschleifen erfaßt werden. Wenn während des Bearbeitungsprogramms Kühl- oder Schmierflüssigkeiten eingesetzt werden, kann der Schnittkraftmesser mit einer speziell gebauten Abdeckhaube versehen werden. Hierdurch wird es ermöglicht, auch mit höheren Flüssigkeitsdrücken zu arbeiten, ohne daß eine Beschädigung der empfindlichen Piezoquarze eintreten kann. Bei diesen Veränderungen muß jedoch berücksichtigt werden, daß sich das dynamische Verhalten des Schnittkraftmessers mit zunehmendem Werkstückgewicht verschlechtert. Für genaue Messungen muß dann der Schnittkraftmesser, wie in Kapitel 2.4 beschrieben, neu geeicht werden, um die Frequenz der ersten Resonanzüberhöhung zu ermitteln. Diese Eichung braucht aber, wie Versuche ergaben, nur einmal für einen bestimmten Versuchsaufbau durchgeführt zu werden, wenn die Veränderungen am Schnittkraftmesser jeweils gleich gehalten werden.
Der Einsatz piezoelektrischer Kraftmeßzellen gestattet bei Schnittkraftuntersuchungen eine besonders einfache Trennung zwischen dem statischen und dynamischen Schnittkraftanteil. Die Aufzeichnung des Schnittkraftverlaufes wird mit Hilfe eines Licht-

schreibers durchgeführt, dessen Schleifen eine höhere Ansprechfrequenz als die Frequenz der ersten Resonanzerhöhung des Schnittkraftmessers aufweisen. Nach dem Anschnitt (*A*) wird, wie es in Abb. 9 dargestellt ist, die statische und dynamische Schnittkraft aufgezeichnet. Durch Erdung (*E*) kann das Signal des statischen Kraftanteils abgeleitet und durch verschiedene Empfindlichkeitsstufungen (*V*) des Ladungsverstärkers das Signal des dynamischen Kraftanteils derart verstärkt werden, daß bei gleichzeitiger Spreizung (*S*) der Zeitablenkung die auftretende Schwingungsform genau wiedergegeben werden kann.
Für eine stetige Überwachung des Zerspanvorganges ist jedoch die Aufzeichnung mit einem Lichtschreiber, Oszillographen oder Voltmeter unzureichend, da hierbei die Signale des statischen und dynamischen Schnittkraftanteils als Informationen für die Vorgänge am Werkzeug in einem Prozeßrechner ausgewertet werden sollen. Wie im Kapitel 6 näher erläutert wird, besteht ein Zusammenhang zwischen der dynamischen Schnittkraft in Vorschub- und Rückkraftrichtung und der Oberflächenrauhtiefe Rt. Außerdem soll entsprechend verschiedenen Literaturangaben [67–69] ein Zusammenhang zwischen der Zunahme der statischen Schnittkraft und dem am Werkzeug auftretenden Verschleiß bestehen. Die Verwendung des statischen und dynamischen Schnittkraftsignals als Regelgröße bei einer Optimierung des Zerspanprozesses erfordert es, beide Signale getrennt zu verarbeiten. Die Zerlegung des Gesamtsignals kann durch ein geeignetes Filtersystem erfolgen. Das Blockschaltbild einer solchen Anlage ist in Abb. 10 wiedergegeben. Durch einen Tiefpaß mit einer geeigneten Grenzfrequenz kann das statische Schnittkraftsignal aus dem Gesamtsignal und durch einen Hochpaß mit einer möglichst niedrigen Grenzfrequenz der dynamische Schnittkraftanteil herausgefiltert und durch Nachverstärker die einzelnen Signale auf die gewünschte Größe verstärkt werden. Die Bestimmung der Grenzfrequenzen für die Filter kann durch eine Frequenzanalyse der Schnittkraftschwankungen, wie sie in Abb. 17 aufgezeigt wurde, erfolgen. Hierbei soll die Grenzfrequenz so festgelegt werden, daß für unterschiedliche Zerspanbedingungen der statische und dynamische Anteil ausreichend erfaßt wird.

3. Ursachen für das Entstehen dynamischer Schnittkräfte

Eine wichtige Voraussetzung zur Erzielung einer hohen Oberflächengüte und Fertigungsgenauigkeit bei der spanenden Bearbeitung ist ein ruhiger und gleichmäßiger Schnitt. Dies setzt voraus, daß die Spanabnahme möglichst schwingungsfrei erfolgen muß. Diese Voraussetzung kann oft nur begrenzt erfüllt werden, da auf Grund innerer und äußerer Einwirkungen die Spanbildung in vielen Fällen so beeinflußt wird, daß ein hoher dynamischer Schnittkraftanteil auftritt. Liegen die Frequenzen der Kraftschwankungen oder eine ihrer Harmonischen im Bereich der Eigenfrequenz eines Bauteiles innerhalb des Kraftflusses, so können an der Schnittstelle Relativbewegungen auftreten, die sich auf die Makrogenauigkeit der Werkstückoberfläche und die Standzeit der Werkzeuge auswirken.
Nach den bisherigen Erfahrungen sind für die Entstehung von Wechselkräften bei der spanabhebenden Bearbeitung folgende Ursachen maßgebend [8]:

1. Störquellen außerhalb der Maschine
   (Erregerkräfte, die über das Fundament auf die Maschine einwirken),

2. Störquellen innerhalb der Maschine
   (oszillierende Massen an der Maschine wie Unwuchten oder Stößelschlitten)
3. der Zerspanprozeß
   (unterbrochener Schnitt, Spanbildungsvorgang, wellige Werkstückoberfläche etc.).

Schnittkraftschwankungen, die durch Störquellen innerhalb und außerhalb der Maschine verursacht werden, lassen sich durch geeignete Isolierung stark vermindern, so daß sie die angestrebte Fertigungsqualität eines Werkstückes nicht beeinflussen.
Als wichtigste Ursachen für das Entstehen von Schnittkraftschwankungen bei der Bearbeitung im ununterbrochenen Schnitt, wie zum Beispiel beim Drehen, kommen einerseits die Scherspan- und Aufbauschneidenbildung und andererseits die Spanlamellenbildung in Frage.
Darüber hinaus entsteht ein weiterer dynamischer Schnittkraftanteil infolge der Reibung zwischen Span und Spanfläche des Werkzeuges sowie zwischen Schnittfläche und Werkzeugfreifläche. Dieser Anteil ist jedoch gering, insbesondere dann, wenn mit Hartmetallwerkzeugen in höheren Schnittgeschwindigkeitsbereichen gearbeitet wird.
Weitere Erregerquellen zur Erzeugung von Wechselkräften durch den Zerspanprozeß liegen in dem zu bearbeitenden Werkstoff, wobei als Ursachen Fremdeinschlüsse, Zeiligkeit des Werkstoffes oder örtliche Seigerungzonen auftreten. Die hierdurch bedingten Schnittkraftschwankungen sind jedoch meist zufälliger Natur und schließen somit eine systematische Untersuchung aus. Es kann jedoch angenommen werden, daß ihre Frequenzen in engem Zusammenhang mit der Drehzahl des Werkstückes stehen und die Kraftamplituden bei der stets angestrebten Homogenität der Werkstoffe gering bleiben.

4. Scherspan- und Aufbauschneidenbildung als Ursache für Schnittkraftschwankungen

Eine wesentliche Ursache für das Auftreten von Schnittkraftschwankungen, die durch den Zerspanprozeß verursacht werden, ist ein unregelmäßiger Spanbildungsvorgang, wie er bei der Entstehung von Scherspänen sowie Fließspänen im Bereich der Aufbauschneidenbildung gegeben ist. Scherspäne entstehen bei der Bearbeitung von Stahl vornehmlich bei niedrigen Schnittgeschwindigkeiten ($v < 20$ m/min). Bei der Scherspanbildung werden entsprechend dem Spanbildungsmodell von PIISPANEN–MERCHANT [70, 33] in der Scherzone einzelne Segmente vom Werkstück abgetrennt, die jedoch beim Abfließen über die Spanfläche wieder miteinander verschweißen können. Die Größe der einzelnen Segmente variiert meist sehr stark, so daß die auf Werkzeug und Werkstück wirkenden Kräfte entsprechend schwanken.
Zur Klärung der durch die Scherspan- bzw. Aufbauschneidenbildung verursachten Schnittkraftschwankungen muß man die Vorgänge an der Werkzeugschneide bei der Spanentstehung näher betrachten. Eine direkte Beobachtung der Verformungsvorgänge, die bei der Spanbildung ablaufen, ist wegen der Kinematik des Zerspanvorganges und der geringen räumlichen Ausdehnung der Spanentstehungsstelle nicht möglich. Um diesen Schwierigkeiten zu begegnen, wird das Schneidwerkzeug mittels einer Vorrichtung mit einer Geschwindigkeit, die größer als die Schnittgeschwindigkeit ist, aus

dem Schnitt genommen. Durch eine derartige Unterbrechung des Zerspanvorganges bleibt das Gebiet der Spanentstehung, die sogenannte Spanwurzel, erhalten [34].
Abb. 11 zeigt die Entstehungsstelle für einen Scherspan mit der Härteverteilung in den einzelnen Verformungszonen. Hiernach zeichnet sich folgender Spanbildungsvorgang ab: Beim Auftreffen auf die Werkzeugschneide wird der Werkstoff gestaucht und entsprechend verfestigt, bis bei hohem Verformungsgrad die Bruchgrenze des Werkstückstoffes überschritten wird und der Werkstoff unter Wirkung einer Normalspannung an der Schneidkante aufreißt. Das nachfolgende Material bewirkt ein Fortschreiten der Rißbildung, bis schließlich die Oberfläche erreicht und das Spanelement vom Werkstück getrennt wird. Nach den bisherigen Beobachtungen verläuft der Riß interkristallin. Er ist dementsprechend unregelmäßig, die Form und Größe der abgetrennten Spanelemente rein zufällig. Der Schnittkraftverlauf stellt bei der Entstehung von Scherspänen somit ein stochastisches Signal dar, dessen funktioneller Zusammenhang $\Delta F = f(t)$ analytisch nicht angegeben werden kann.
Eine genaue Betrachtung der Gefügestruktur in der Spanwurzel bestätigt diesen Spanbildungsvorgang. Im Bereich a ist das unverformte Gefüge des Grundwerkstoffes zu erkennen, während in der Zone b der Werkstoff gestaucht wird, was mit einer Werkstoffverfestigung verbunden ist. An der Stelle c ist die Verformungsfähigkeit des Werkstoffes überschritten, so daß das Spanelement abschert. Die Härtezunahme in den einzelnen Zonen infolge der Verfestigung verhält sich entsprechend dem jeweiligen Verformungsgrad. Die höchste Härte ist erwartungsgemäß an der Spanunterseite zu beobachten, da durch die Reibung zwischen dem abgeleiteten Spanelement und der Spanfläche des Werkzeuges in dieser Zone eine zusätzliche Verformung auftritt.
Mit höheren Schnittgeschwindigkeiten ($1 < v < 10$ m/min) wachsen die einzelnen Spanelemente, ausgehend von der Meißelecke, zusammen, und es ergibt sich ein Fließspan, wobei jedoch gleichzeitig das Auftreten von Aufbauschneiden zu beobachten ist. Bei den Aufbauschneiden handelt es sich um die Ablagerung verfestigter Schichten des zerspanten Materials auf der Spanfläche des Werkzeuges, die beim Drehen von Stahl besonders im Schnittgeschwindigkeitsbereich $<$ 60–80 m/min auftreten. Die Verfestigung ist auf die starke Verformung des Werkstoffes in der Scherebene zurückzuführen und bewirkt eine bis zu fünffache Härtesteigerung des Ausgangsmaterials. Diese hohe Härte befähigt die Aufbauschneide, die Funktion des Werkzeuges zu übernehmen. Die Aufbauschneidenbildung beruht nach den bisherigen Erkenntnissen [35–41] auf einem Fließen des zerspanten Materials innerhalb der unteren Spanschichten, hervorgerufen durch eine geringere Festigkeit des Spanes gegenüber der Spanunterseite. Voraussetzung für dieses Fließen ist einerseits, daß im Span ein Temperaturgefälle auftritt, und andererseits, daß ein Werkstoff bearbeitet wird, dessen Festigkeit in bestimmten Bereichen mit steigender Temperatur zunimmt. Bei der Zerspanung von legierten und unlegierten Stählen sowie bei vielen Leichtmetallegierungen sind diese Voraussetzungen gegeben.
Die Aufbauschneidenbildung erfolgt meist periodisch. Bei Überschreiten einer bestimmten Größe wandern Teile der Aufbauschneide über Span- und Freifläche des Werkzeuges ab. Abb. 12 zeigt schematisch diesen Vorgang. Die Bildungs- bzw. Ablösefrequenzen der Aufbauschneiden oder ihrer Teilstücke können je nach den Bearbeitungsbedingungen sehr hoch werden und bis zu 1,5 kHz betragen [34]. Mit der Aufbauschneidenbildung ist eine stetige Änderung der Eingriffsverhältnisse des Werkzeuges verbunden. Die jeweilige Form der Aufbauschneide beeinflußt sowohl die effektiven Werkzeugwinkel als auch die wirksame Spanungsdicke, da in den meisten Fällen Teile der Aufbauschneide über die ursprüngliche Werkzeugschneide hinausragen. Den wirksamen Spanungsbedingungen entsprechend variieren auch die Schnittkräfte mit hoher Frequenz, wobei

die Größe der Kraftänderung von der Form der Aufbauschneidenpartikel, ihrem Verfestigungsgrad, dem Versuchswerkstoff, dem Schneidstoff, der Schneidengeometrie und der Steifigkeit des wirksamen Schwingungssystems Werkzeug–Werkstück abhängt.
Die Vielzahl der Einflußgrößen mit zufälligem Charakter verhindert allgemein eine rechnerische Bestimmung der Schnittkraftschwankungen und macht eine meßtechnische Untersuchung notwendig. Hierfür wurde der bereits in Kapitel 2 gezeigte Dreikomponenten-Schnittkraftmesser mit piezoelektrischen Meßwertgebern eingesetzt.

4.1 Einfluß der Schnittbedingungen auf die Scherspan- und Aufbauschneidenbildung sowie auf den dynamischen Schnittkraftanteil

4.1.1 Einfluß der Schnittgeschwindigkeit v

Aus der Literatur [34, 40, 41] ist bekannt, daß die Schnittgeschwindigkeit einen großen Einfluß auf die Art der anfallenden Späne und die Aufbauschneidenbildung ausübt. Dieses hängt in erster Linie damit zusammen, daß mit wachsender Schnittgeschwindigkeit die auftretenden Temperaturen in den Kontaktzonen und in der Scherzone stark ansteigen [42]. Nach Untersuchungen mehrerer Autoren [34, 43] ist das Entstehen von Aufbauschneiden bei der Stahlbearbeitung nur von den Werkstoffeigenschaften und der Schnittemperatur abhängig, die während der Aufbauschneidenbildung im Temperaturgebiet der sogenannten Blaubruchsprödigkeit liegt. Abb. 13 zeigt den Einfluß der Schnittgeschwindigkeit auf den statischen und dynamischen Anteil der einzelnen Kraftkomponenten bei der Bearbeitung von zwei verschiedenen Werkstoffen. Zum Vergleich der Schnittkräfte mit dem Verschleißverhalten der Werkzeuge sind gleichzeitig die Verschleiß-Schnittgeschwindigkeitskurven in die Diagramme eingezeichnet. Als Parameter wurde hierbei ein Schnittweg von 2000 m gewählt.
Eine genaue Betrachtung der bei den jeweiligen Schnittgeschwindigkeiten anfallenden Späne gibt die Erklärung für den Verlauf der einzelnen Kurven (Abb. 14). Im Bereich niedriger Schnittgeschwindigkeiten bleiben die statischen Schnittkräfte zunächst nahezu konstant, um dann leicht abzusinken. Die Spanbildung erfolgt hierbei noch teils als Scherspan, teils als bröckeliger Fließspan, wobei im letzteren Fall Partikel von Aufbauschneiden an der Spanunterseite zu beobachten sind. Der dynamische Schnittkraftanteil ist in diesem Schnittgeschwindigkeitsbereich auf Grund der ständig wechselnden Eingriffsverhältnisse des Werkzeuges und der unterschiedlichen Größe der abgetrennten Spanteile entsprechend hoch. Der Freiflächenverschleiß steigt mit wachsender Schnittgeschwindigkeit etwas an.
Beim Minimum des statischen Schnittkraftanteiles haben die Aufbauschneiden ihre größten Abmessungen. Der Freiflächenverschleiß zeigt hier ein Maximum, da größere Partikel der Aufbauschneide mit der Schnittfläche fortgerissen werden und an der Freifläche des Werkzeuges einen erhöhten Abrieb verursachen. Die auftretenden Fließspäne deuten an, daß die Verformungsvorgänge bei der Spanentstehung gleichmäßiger geworden sind. Dementsprechend sind die Schnittkraftschwankungen in diesem Bereich kleiner. Auf den Spanunterseiten zeigen sich teilweise glatte Stellen, teilweise starke Schuppen. Die Spanränder sind eingerissen und ungleichmäßig.
Mit wachsender Schnittgeschwindigkeit wird der Freiflächenverschleiß wieder geringer, da bei den erhöhten Schnittemperaturen die Abwanderung der Aufbauschneiden bevorzugt über die Spanfläche des Werkzeuges erfolgt. Die Intensität der Aufbauschneidenbildung geht gleichzeitig zurück. Der dynamische Schnittkraftanteil nimmt dementsprechend weiter ab, während die statischen Schnittkräfte auf Grund der erhöhten

Kontaktzonenflächen zwischen Span und Werkzeug sowie auf Grund des geringeren effektiven Spanwinkels bis zu einem Maximum anwachsen. Bei dieser Schnittgeschwindigkeit ist infolge der auftretenden hohen Temperaturen die Aufbauschneidenbildung vollkommen unterbunden. Die Verschleiß-Schnittgeschwindigkeitskurve besitzt hier ein Minimum. Die Unterseite der anfallenden Späne ist glatt, die Spanränder scharf und gleichmäßig. Man kann annehmen, daß die Entstehung derartiger Späne einem stetigen plastischen Fließvorgang nahekommt. Die Schnittkraftschwankungen haben ihren tiefsten Wert erreicht, der auch bei zunehmender Schnittgeschwindigkeit praktisch nicht mehr unterschritten wird und für alle Komponenten etwa 10–15% der maximalen Wechselkraft beträgt. Voraussetzung ist jedoch ein störungsfreier Spanablauf, der nicht durch eine fehlerhafte Spanformgebung oder durch Anstoßen der Späne an den Support oder Meßstahlhalter beeinträchtigt wird.

Die Ursache für den verbleibenden dynamischen Schnittkraftanteil dürfte darin liegen, daß auch der Fließspan nicht kontinuierlich entsteht, sondern in einem ständigen Wechsel zwischen Stauchen und Gleiten vom Werkstoff abgetrennt wird [44]. Hinzu kommt, daß das Werkzeug durch den Spanablauf einem dauernden Verschleißangriff unterliegt und dadurch sowohl die Schneidkante als auch Span- und Freifläche ständig ihre Kontur ändern. Die statischen Schnittkräfte nehmen im Bereich oberhalb der Aufbauschneidenbildung leicht ab, da auf Grund der höheren Schnittemperaturen der Verformungswiderstand des zu bearbeitenden Werkstoffes sinkt. Der Werkzeugverschleiß steigt entsprechend der thermischen Belastung an.

Der charakteristische Kurvenverlauf für den statischen und dynamischen Schnittkraftanteil in Abhängigkeit von der Schnittgeschwindigkeit bleibt auch für veränderte Schnittbedingungen erhalten. Maßnahmen, die eine Erhöhung der Schnittemperaturen verursachen, bewirken hierbei eine Verschiebung der Maxima und Minima zu niedrigeren Schnittgeschwindigkeiten. Dementsprechend erfolgt eine Verschiebung zu höheren Schnittgeschwindigkeiten, wenn die veränderten Schnittbedingungen eine vergleichsweise niedrigere Temperatur zur Folge haben. Abb. 15 zeigt als Beispiel den Einfluß des Vorschubes auf Höhe und die Abhängigkeit der statischen und dynamischen Kräfte von der Schnittgeschwindigkeit bei der Bearbeitung des Stahles C 45 N.

Vergleicht man die Absolutwerte der statischen und dynamischen Schnittkraftanteile, so lassen sich folgende Relationen erkennen:

a) Im Bereich der maximalen Wechselkräfte beträgt der dynamische Schnittkraftanteil für die Hauptschnittkraftkomponente etwa 15–20% der statischen Schnittkraft. Dieser Anteil sinkt bei einer reinen Fließspanbildung auf unter 5%.
b) Der maximale dynamische Anteil der Vorschubkraft beträgt bis zu 50% der statischen Kraft, sinkt jedoch bei hohen Schnittgeschwindigkeiten auf unter 8%.
c) Die Schnittkraftschwankungen in Rückkraftrichtung erreichen bei den gegebenen Bearbeitungsbedingungen ∼ 50% des statischen Kraftanteiles. Mit wachsender Schnittgeschwindigkeit geht dieser Anteil auf 8–10% zurück.

Im allgemeinen sind die Absolutwerte der Wechselkräfte in Hauptschnittkraftrichtung höher als die der anderen Kraftkomponenten. Der Unterschied ist jedoch nicht so groß wie das Verhältnis der statischen Schnittkraftanteile. Die Höhe der gemessenen Schnittkraftschwankungen in Vorschub- und Rückkraftrichtung ist annähernd gleich. Allerdings kann dieses Verhältnis durch eine Änderung der Schneidengeometrie stark verschoben werden. In diesem Zusammenhang kommen, wie noch gezeigt wird, dem Neigungswinkel λ, dem Einstellwinkel $\varkappa$ und dem Meißeleckenradius r eine größere Bedeutung zu.

Die Bildungsfrequenzen der Spanelemente und Aufbauschneiden werden ebenfalls durch die Schnittgeschwindigkeit stark beeinflußt. Abb. 16 zeigt ein Versuchsdiagramm zur Ermittlung der dynamischen Schnittkraftanteile der einzelnen Komponenten. Die Kraftschwankungen sind sehr unregelmäßig und keiner bestimmten Frequenz zuzuordnen. Die Schwingungsform der einzelnen Komponenten ist dagegen annähernd gleich. Zur genaueren Untersuchung der auftretenden Frequenzbereiche wurden die Signale des Schnittkraftmessers auf Magnetband aufgenommen und mit Hilfe eines Frequenzanalysators das Frequenzspektrum der dynamischen Schnittkraftmessung aufgezeichnet. Abb. 17 enthält im linken Teil den Verlauf des dynamischen Anteils der Vorschubkraftkomponente und im rechten Teil die Frequenzanalyse des jeweiligen Schriebes. Im Bereich niedriger Schnittgeschwindigkeiten sind die Kraftschwankungen relativ niederfrequent, besitzen jedoch eine hohe Amplitude. Mit wachsender Schnittgeschwindigkeit steigt der Frequenzbereich, wobei die Amplitudenhöhe stark abnimmt. Die Frequenzen der Kraftschwankungen liegen in keinem der durchgeführten *Zerspanversuche* bei sicher meßbaren Amplitudengrößen oberhalb von 1,2 kHz. Diese Beobachtung beschränkt sich jedoch auf Zerspanbedingungen, bei denen Scherspäne oder Fließspäne mit bzw. ohne Aufbauschneiden auftreten. Mit der Entstehung von Lamellenspänen sind, wie noch gezeigt wird, Schnittkraftschwankungen höherer Frequenz verbunden. Eine ausgeprägte Bildungsfrequenz der Spanelemente oder Ablösefrequenz der Aufbauschneiden ist erwartungsgemäß nicht vorhanden.

4.1.2 Einfluß des Vorschubes s

Der Einfluß des Vorschubes auf den dynamischen Schnittkraftanteil wurde bereits in Abb. 15 deutlich, in der die statischen und dynamischen Schnittkraftkomponenten für drei verschiedene Vorschübe in Abhängigkeit von der Schnittgeschwindigkeit mit dem Vorschub als Parameter dargestellt sind. Der prinzipielle Kurvenverlauf bleibt demnach für alle untersuchten Vorschübe erhalten (Abb. 18). Mit wachsender Spanungsdicke ergibt sich lediglich eine leichte Verschiebung der Extremwerte in Richtung niedriger Schnittgeschwindigkeiten, da der Bereich der Fließspanbildung auf Grund der erhöhten Schnittemperaturen bereits eher erreicht wird.
Für die gegebene Schneidengeometrie ist das Verhältnis von statischer zu dynamischer Schnittkraft für alle Komponenten im untersuchten Vorschubbereich nahezu konstant, solange eine gleichmäßige Fließspanbildung auftritt. Auf Grund zahlreicher Untersuchungen lassen sich hierbei folgende Relationen angeben:

$$\triangle F_V \leqq 0{,}08\, F_V$$
$$\triangle F_R \leqq 0{,}10\, F_R$$
$$\triangle F_H \leqq 0{,}05\, F_H$$

Sobald durch eine Verminderung des Vorschubes die Schnittemperaturen zur Aufbauschneidenbildung führen, verlieren die angegebenen Beziehungen ihre Gültigkeit, da hier die dynamischen Schnittkraftkomponenten auf Grund der veränderten Spanbildungsvorgänge zunehmen.

4.1.3 Einfluß der Schnittiefe a

Aus der Literatur [1, 3, 5, 6, 10, 11] ist bekannt, daß die statischen Schnittkraftkomponenten mit der Spanungsbreite linear anwachsen. Dies trifft auch für die Rückkraftkomponente zu, sofern der Einstellwinkel $45 < \varkappa < 90°$ beträgt. Lediglich bei sehr kleinen Spanungstiefen ergeben sich Abweichungen, da hier der Meißeleckenradius an

Bedeutung gewinnt und die Richtung der Resultierenden aus Vorschub- und Rückkraft maßgeblich beeinflußt.
Die bisherigen Ausführungen haben gezeigt, daß die Höhe des dynamischen Schnittkraftanteiles durch die bei der Spanentstehung ablaufenden Vorgänge bestimmt wird, die wiederum stark temperaturabhängig sind. Die Höhe der statischen Belastung spielt dagegen nur eine untergeordnete Rolle. Darüber hinaus stellte Lowack [42] fest, daß bei üblichen Spanungsquerschnitten der Einfluß der Schnittiefe auf die Schnittemperaturen und den Spanbildungsvorgang vernachlässigbar gering ist, sofern das Verhältnis von Meißeleckenradius zur Schnittiefe $> 1:3$ beträgt. Es ist deshalb zu erwarten, daß die Höhe des dynamischen Schnittkraftanteiles von der Schnittiefe nur wenig beeinflußt wird. Die Versuchsergebnisse in Abb. 19 bestätigen diese Annahme. Auf Grund der größeren Reibungsflächen zwischen Werkstück, Werkzeug und Span ergibt sich mit wachsender Schnittiefe ein leichter Anstieg der Schnittkraftschwankungen. Eine überschlägige Berechnung läßt jedoch erkennen, daß das für den Fließspanbereich angegebene Verhältnis von Schnittkraft zu Schnittkraftschwankung für alle untersuchten Schnittiefen erhalten bleibt.
Entsprechend den unveränderten Verformungsvorgängen bleiben mit wachsender Schnittiefe auch die Frequenzbereiche der Schnittkraftschwankungen konstant. Da die Zunahme der Schnittkraft mit der Spanungsbreite bei einem Einstellwinkel $\varkappa \leqq 90°$ für alle Komponenten linear erfolgt, ist auch die Richtung der Gesamtkraft von der Schnittiefe unabhängig, sofern das Verhältnis von $a : r \leqq 3 : 1$ nicht unterschritten wird.

4.1.4 Einfluß der Schneidengeometrie

Die Höhe des statischen bzw. dynamischen Schnittkraftanteiles der einzelnen Kraftkomponenten wird durch die Schneidengeometrie aus zwei verschiedenen Gründen beeinflußt. Einerseits ändern sich mit den Werkzeugwinkeln die Verformungsvorgänge in der Scherzone und damit der eigentliche Spanbildungsvorgang, andererseits bestimmen die Werkzeugwinkel und der Meißeleckenradius aus geometrischen Gründen das Größenverhältnis der Kraftkomponenten zueinander. Frühere Untersuchungen [4, 5] ergaben, daß eine Abhängigkeit der statischen Schnittkraft von der Schneidengeometrie besteht. Die Bedeutung der Werkzeugwinkel für die in der Scherzone ablaufenden Verformungsvorgänge und für die Höhe der einzelnen Kraftkomponenten ist bekannt. Da die Höhe des dynamischen Schnittkraftanteiles im Bereich der Fließspanbildung von der Größe der jeweiligen statischen Kraftkomponente abhängig ist, wird im folgenden gezeigt, wie durch eine Änderung der Schneidengeometrie die statischen und dynamischen Schnittkräfte beeinflußt werden.
Mit wachsendem Spanwinkel steigt die Keilwirkung des Werkzeuges, so daß zur Spanentstehung geringere Verformungs- und Trennkräfte notwendig werden [46]. Die Spanstauchung nimmt ab, und infolgedessen wird auch die Kontaktzone zwischen Span und Werkzeug kleiner. Auf Grund der verminderten Reibungsflächen fallen die Schnittkraftschwankungen der Vorschub- und Rückkraft mit ansteigendem Spanwinkel ab (Abb. 20). Liegt jedoch der Arbeitsbereich bei Schnittgeschwindigkeiten unmittelbar oberhalb des Bereiches der Aufbauschneidenbildung, so können die Schnittemperaturen infolge eines erhöhten Spanwinkels so weit absinken, daß erneut eine intensive Aufbauschneidenbildung auftritt [35]. In diesem Fall ist mit einer Spanwinkelverminderung eine Steigerung des dynamischen Schnittkraftanteiles verbunden. Wie bereits erwähnt, wird durch einen erhöhten Spanwinkel die notwendige Verformungs- und Trennarbeit vermindert. Die statischen Schnittkräfte sinken dadurch stark ab. Auch durch Ver-

größerung des Neigungswinkels λ nimmt die Keilwirkung des Werkzeuges zu [5, 9, 18, 47]. Dementsprechend tritt mit wachsendem Neigungswinkel eine Verminderung der statischen Schnittkraft auf (Abb. 20). Gleichzeitig geht auch der dynamische Schnittkraftanteil zurück. Da sich die Größe des Neigungswinkels besonders auf die Höhe der Rückkraftkomponente auswirkt, verlagert sich die Resultierende der Kraftkomponenten mit zunehmendem Neigungswinkel in Richtung der Nebenschneide des Werkzeuges. Eine Verminderung des Einstellwinkels $\varkappa$ bewirkt bei konstantem Vorschub eine Abnahme der Spanungsdicke h_1 und eine höhere spezifische Schneidenbelastung. Die Versuchsergebnisse in Abb. 21 lassen erkennen, daß mit größer werdendem Einstellwinkel Vorschubkräfte zunehmen, während die Kräfte in Rückkraftrichtung stark zurückgehen. Das Ansteigen der Hauptschnittkräfte bei Verkleinerung des Einstellwinkels $\varkappa$ ist auf die Vergrößerung der Scherfläche zurückzuführen. Eine Änderung des Einstellwinkels zeigt auf die dynamischen Schnittkräfte nur geringfügige Auswirkungen.

Der Meißeleckenradius dient beim Schruppdrehen in erster Linie zur Verminderung der spezifischen Belastung und zur Herabsetzung des Verschleißes an der Eckenrundung des Werkzeuges und beeinflußt besonders die Höhe der Rückkraftkomponente [5, 7, 48]. Abb. 21 zeigt die Abhängigkeit der statischen und dynamischen Schnittkraftkomponenten von der Größe der Eckenrundung sowie die hierdurch bedingte Beeinflussung der Wirkungsrichtung der Gesamtkraft. Mit steigendem Meißeleckenradius nimmt die Höhe der Rückkraft zu, während Vorschub- und Hauptschnittkraft nahezu konstant bleiben.

Durch eine Änderung des Freiwinkels α und des Spitzenwinkels ε konnte im Bereich üblicher Winkelgrößen keine Beeinflussung der statischen Schnittkräfte festgestellt werden. Diese Beobachtung stimmt mit den in der Literatur bekanntgewordenen Versuchsergebnissen überein. Darüber hinaus ergab sich auch keine Abhängigkeit des dynamischen Schnittkraftanteils von der Größe des Freiwinkels α ($\alpha > 0°$) und des Spitzenwinkels ε ($\varepsilon < 180° - \varkappa$).

4.1.5 Einfluß des Spanbrechers

Durch den zunehmenden Einsatz von Wendeschneidplatten kommt der geklemmten Spanleitstufe besondere Bedeutung zu. Durch ihre Ausbildung dient sie gleichzeitig zur Klemmung des Werkzeuges und zur Formung des ablaufenden Spans. Die geklemmten Spanbrecher weisen gegenüber eingeschliffenen Spanleitstufen den Vorteil auf, daß das Einschleifen der Spanleitstufe, welches einen hohen Zeitaufwand und sehr viel Schleifmaterial erfordert, entfällt. Außerdem sind Werkzeuge mit eingeschliffenen Spanleitstufen wegen ihrer Abmessungen auf einen engen Vorschubbereich beschränkt. Der geklemmte Spanbrecher dagegen kann entsprechend den erforderlichen Vorschüben auf die richtige Spanstufenbreite eingestellt werden.

Die Krümmung des ablaufenden Spans wird in erster Linie durch die Abmessungen der Spanleitstufe bestimmt. Von entscheidendem Einfluß sind hierbei die Spanstufenhöhe h und die Spanstufenbreite b (Abb. 22). Außerdem ist der Rückenwinkel β der Spanleitstufe noch zu berücksichtigen. Ein zu flacher Spanbrecher wird eine ungenügende Krümmung des Spanes ergeben, während bei einem zu großen Rückenwinkel β der Spanbrecher einer zu großen Belastung ausgesetzt ist. Als günstiger Bereich wird in der Literatur ein Rückenwinkel von 50 bis 55° angegeben [62]. Spanstufenbreite und -höhe müssen zueinander in einem bestimmten Verhältnis stehen, um den Spanfluß günstig zu gestalten. Die Breite b muß viel größer als die Spanungsdicke h_1 sein, und als Richtwert für die Spanstufenbreite wird ungefähr das 8- bis 10fache des Vorschubes s

($s = h_1 \cdot \sin \varkappa$) angegeben. Ist die Spanstufenbreite b zu klein, so staucht die Spanleitstufe den Span zusätzlich, was zu einer Erhöhung der statischen [63] und dynamischen Schnittkräfte führt. Die Höhe der Spanleitstufe soll mindestens das 0,4- bis 0,5fache der Spanungsdicke h_1 betragen. Bei einer zu geringen Höhe wird der ablaufende Span nicht mehr ausreichend verformt, und statt einer Spanwedel oder eines Spiralspanes bildet sich ein Band- oder Wirrspan, eine sehr ungünstige Spanform, aus.
Der Einfluß der Spanstufenbreite auf die statischen und dynamischen Schnittkräfte ist in Abb. 22 für zwei verschiedene Hartmetallqualitäten wiedergegeben. Mit Verkleinerung der Spanstufenbreite steigen die statischen und dynamischen Schnittkräfte von einer bestimmten Breite b an. Die Breite, von der aus dieser Kräfteanstieg zu beobachten ist, hängt von der Hartmetallsorte ab. Bei einem Hartmetall der Anwendungsgruppe P 10 erfolgt der Anstieg der Kräfte bei einer kleineren Spanstufenbreite als bei Hartmetall P 20. Als Ursache hierfür ist die durch die unterschiedliche Wärmeleitfähigkeit der Werkzeuge bedingte unterschiedliche Kontaktzonenbreite zu sehen. Bei einer Verringerung der Spanstufenbreite wird der ablaufende Span bei HM P 20 eher durch den Spanbrecher aufgestaucht als bei HM P 10, wie aus Abb. 23 zu ersehen ist. Die Spanstauchung nimmt bei beiden Hartmetallqualitäten von einer bestimmten Spanstufenbreite ab zu, bei der auch ein Anwachsen der statischen wie dynamischen Schnittkräfte (Abb. 22) zu beobachten ist. Das Anwachsen der Spanstauchung bei konstanter Spanungsdicke h_1 drückt sich in einer Verringerung des Scherwinkels und einer Vergrößerung der Scherebene aus. Auf die Vergrößerung der Scherebene und die stärkere Aufstauchung ist das Ansteigen der statischen Schnittkräfte zurückzuführen. Das Anwachsen der dynamischen Schnittkräfte liegt in der Bildung von Bröckelspänen begründet. Während bei den Versuchen mit Hartmetall P 10 bei einer Spanstufenbreite von $b = 2$ mm ein kurzer Spiralspan, welcher als günstige Spanform beim Drehen angesehen wird, anfällt, erhält man bei einer Spanstufenbreite von $b = 1{,}5$ mm einen Bröckelspan. Beim Auftreten von sehr kurz gebrochenen Spänen wachsen die dynamischen Schnittkräfte in Vorschub- und Rückkraftrichtung auf die Größe der statischen Schnittkräfte an.

5. Die Spanlamellenbildung als Ursache für Schnittkraftschwankungen

Vornehmlich bei der Zerspanung von legierten oder niedrig legierten Stählen treten häufig auch oberhalb des Schnittgeschwindigkeitsbereiches der Aufbauschneidenbildung hohe Schnittkraftschwankungen auf, die auf die Entstehung von Lamellenspänen zurückzuführen sind. Dies ist besonders dann zu beobachten, wenn Werkstoffe bearbeitet werden, die bei einer plastischen Verformung zu einer Versprödung neigen. Der Lamellenspan entsteht unter ähnlichen Bedingungen wie der Fließspan. Stauch- und Gleitphase sind jedoch sehr viel stärker ausgeprägt, so daß an der Spanoberseite eine sichtbare Segmentierung auftritt [49, 50] und entsprechend den Verformungsvorgängen bei der Spanbildung periodische Schnittkraftschwankungen zu beobachten sind. Abb. 24 zeigt die Spanwurzel eines Lamellenspanes. An Hand des Strukturlinienverlaufes und der Härteverteilung ist deutlich zu erkennen, daß die Entstehung dieser Spanart unter stark wechselnden Bedingungen vor sich geht. Man kann hierbei auf

folgenden Spanbildungsvorgang schließen: Gelangt der Werkstoff in die Scherzone, so wird er gestaucht (Zone a in Abb. 24). Mit steigender Verformung wächst die Verfestigung des zerspanten Werkstoffes (Zone b), bis bei zunehmendem Druck durch das nachfolgende Material der Verformungsgrad so hoch wird, daß die Verformungsfähigkeit des Werkstoffes überschritten wird (Zone c). Es tritt eine Zerstörung des Gefügeverbandes auf, wobei die Schubspannungen in der Scherebene ruckartig abgebaut werden. Bei fortschreitender Werkstoffzufuhr bauen sich die Spannungen wieder auf und der Prozeß beginnt von neuem. Der Spanbildungsvorgang erfolgt hierbei unter einer stetigen Änderung der Scherrichtung [51], wobei der entstehende Span in Längsrichtung ein mehr oder weniger ausgeprägtes Sägezahnprofil annimmt.
Betrachtet man den Gefügeverlauf in einem Lamellenspan, so erkennt man teilweise sehr stark und teilweise weniger stark verformte Bereiche. Eine Untersuchung der einzelnen Zonen mit Hilfe des Kleinlasthärteprüfgerätes zeigt, daß entsprechend dem Grad der Verformung auch eine Verfestigung aufgetreten ist.
Die periodisch wechselnden Verformungsvorgänge bewirken hierbei Schnittkraftschwankungen, die entsprechend der Spanlamellenbildung hochfrequent sind und, wie noch gezeigt wird, beachtliche Bedeutung hinsichtlich des Bearbeitungsergebnisses besitzen können. Dieses gilt insbesondere dann, wenn die auftretenden Lamellenfrequenzen im Resonanzbereich eines im Kraftfluß befindlichen Elementes liegen.
Eine exakte meßtechnische Erfassung der durch die Spanlamellen verursachten Schnittkraftschwankungen verlangt einen Meßstahlhalter von außerordentlich hoher Steifigkeit und Empfindlichkeit. Da die bei üblichen Schnittbedingungen auftretenden Spanlamellenfrequenzen den Meßbereich des in Kapitel 2 entwickelten Schnittkraftmessers überschreiten, mußte für diese Untersuchungen ein spezielles Meßsystem entwickelt werden [45].
Hierzu wurde ein Zweikomponenten-Schnittkraftmesser gebaut, mit dem Kraftschwankungen in Vorschub- und Hauptschnittkraftrichtung bis zu einer Frequenz von 7 kHz ohne nennenswerte Verfälschung infolge einer Resonanzüberhöhung bestimmt werden können. Die Eigenfrequenz des Systems liegt bei etwa 12 kHz, die gegenseitige Beeinflussung beträgt jeweils maximal 10%, bezogen auf die jeweilige Komponente.
Der Schnittkraftmesser besteht aus einem Klemmstahlhalter, der fest mit einem Werkzeugträger verschraubt ist. Als Meßwertgeber dienen zwei piezoelektrische Einkomponenten-Kraftmeßzellen, die entsprechend der zu messenden Kraftrichtung zwischen den Halteschrauben und dem Werkzeugträger angebracht sind. Die statische und dynamische Eichung erfolgt mit den in Kapitel 2.4 beschriebenen Anordnungen.

5.1 Einfluß der Schnittbedingungen auf die Spanlamellenbildung und den dynamischen Schnittkraftanteil

Zur Untersuchung der durch die Spanlamellenbildung verursachten Schnittkraftschwankungen wurden Zerspanversuche an einem unlegierten Kohlenstoffstahl und an drei verschiedenen Gefügezuständen eines niedrig legierten CrNi-Stahles durchgeführt. Wie bereits in Kapitel 4.1.1 gezeigt wurde, hat die Schnittgeschwindigkeit einen großen Einfluß auf die bei der Spanentstehung ablaufenden Vorgänge. So kommt auch ihr im Zusammenhang mit der Spanlamellenbildung eine große Bedeutung zu. Mit wachsender Schnittgeschwindigkeit steigt die Höhe der Lamellen zunächst an, um nach Durchlaufen eines Maximums wieder abzunehmen. In Abb. 25 sind verschiedene Spanlängsschliffe gegenübergestellt. Die Späne zu diesen Schliffen fielen bei der Bearbeitung des Stahls 35 NC 6 im normalisierten Zustand bei verschiedenen Schnittgeschwindigkeiten an.

Bei einer Schnittgeschwindigkeit von $v = 25$ m/min ist die Spanober- und -unterseite ungleichmäßig, während bei $v = 40$ m/min bereits ein reiner Fließspan auftritt. Bei $v = 100$ m/min ist eine leichte Lamellenbildung zu erkennen, die bei $v = 250$ m/min ihr Maximum erreicht und bei höheren Schnittgeschwindigkeiten wieder zurückgeht. Die Ursache für die Abhängigkeit der Lamellenhöhe von der Schnittgeschwindigkeit steht in engem Zusammenhang mit den Entstehungsbedingungen für den Lamellenspan und kann mit dem Verhalten reckalterungsanfälliger Werkstoffe bei erhöhten Temperaturen, Verformungen und Verformungsgeschwindigkeiten erklärt werden [45]. In Abb. 26 sind die statischen und dynamischen Schnittkraftanteile sowie die gemessene Lamellenhöhe bei der Bearbeitung eines Werkstoffes in zwei verschiedenen Gefügezuständen gegenübergestellt. Gleichzeitig sind in der Abbildung die Bereiche für die bei den jeweiligen Schnittgeschwindigkeiten beobachteten Spanarten eingezeichnet. Ein Vergleich der Diagramme in Abb. 26 läßt folgendes erkennen:

1. Im Bereich der Fließspanbildung mit Aufbauschneiden sinkt der dynamische Schnittkraftanteil mit der Schnittgeschwindigkeit, da die Intensität der Aufbauschneidenbildung mit wachsender Schnittemperatur geringer wird. Die absolute Höhe der Kraftschwankungen ist für alle untersuchten Versuchswerkstoffe annähernd gleich. Die statischen Schnittkräfte steigen mit wachsender Schnittgeschwindigkeit etwas an.
2. Im Bereich der Fließspanbildung ohne Aufbauschneiden ist der Spanbildungsvorgang sehr gleichmäßig, das heißt, der Span besitzt im Längsschnitt eine konstante Höhe (zum Beispiel Abb. 25, $v = 40$ m/min). Dementsprechend ist auch der dynamische Schnittkraftanteil im gesamten Fließspanbereich für beide Komponenten konstant. Die statischen Schnittkräfte sinken im Bereich oberhalb der Aufbauschneidenbildung etwas ab, da der Verformungswiderstand des Werkstoffes mit steigender Schnittemperatur zurückgeht.
3. Im Bereich der Lamellenspanbildung steigen die dynamischen Schnittkräfte in Hauptschnittkraft- und Vorschubrichtung entsprechend der Lamellenhöhe an. Eine exakte Messung der Kraftamplituden war praktisch nur bis zu einer Schnittgeschwindigkeit von $v = 160$ m/min möglich, da bei höherer Verformungsgeschwindigkeit die auftretenden Lamellenfrequenzen bereits im ansteigenden Ast der Resonanzkurve des Meßsystems liegen, so daß die Kraftamplituden überhöht, das heißt verfälscht angezeigt werden. Die durch die Spanlamellenbildung verursachten Schnittkraftschwankungen sind bei jeweils gleichen Zerspanbedingungen für den Vergütungszustand des bearbeiteten CrNi-Stahles höher als für den normalisierten Zustand. Die statischen Schnittkräfte lassen praktisch keine Beeinflussung durch die Spanlamellenbildung erkennen.

Ferraresi [52] brachte bereits den Nachweis, daß sich die aus Schnittgeschwindigkeit, Spanstauchung und Entfernung der Spanelemente voneinander ergebende Lamellenfrequenz mit der Frequenz der Schnittkraftschwankungen übereinstimmt. An Hand einiger Stichversuche konnte diese Beobachtung bestätigt werden. Die Spanlamellenfrequenz läßt sich mit Hilfe der Gleichung

$$f = \frac{v \cdot z}{\lambda} \tag{1}$$

errechnen. Die Ermittlung der Spanstauchung λ kann hierbei nicht nach dem üblichen Verfahren der Spandickenmessung vorgenommen werden, bei dem die gemessene Spandicke h_2 zur Spanungsdicke h_1 ins Verhältnis gesetzt wird. Auf Grund des Sägezahnprofils der Lamellenspäne wird bei diesem Verfahren die Spanstauchung stets zu groß gemessen. Genauere Werte für die Spanstauchung erhält man in diesem Fall durch das sogenannte Gewichtsverfahren, bei dem das Gewicht eines Spanes G bestimmt und mit dem theoretischen Gewicht, berechnet aus dem Spanungsquerschnitt $b \cdot h_1$, der Spanlänge l und dem spezifischen Gewicht des Versuchswerkstoffes γ verglichen wird. Die Spanlamellenfrequenz ergibt sich demnach aus der Gleichung

$$f = \frac{v \cdot b \cdot h_1 \cdot \gamma \cdot l \cdot z}{G} \tag{2}$$

Da die Anzahl der Lamellen (z) je Längeneinheit des Spanes mit ansteigender Schnittgeschwindigkeit linear zunimmt, die Spanstauchung jedoch etwas abfällt, ergibt sich mit wachsender Schnittgeschwindigkeit insgesamt ein parabelförmiger Anstieg der Spanlamellenfrequenz (Abb. 27). Die absolute Höhe der Frequenz steigt dabei mit sinkender Verformungsfähigkeit des Werkstoffes und ist dementsprechend für den untersuchten Vergütungszustand am größten.

Auch der Vorschub hat im allgemeinen einen starken Einfluß auf die Spanlamellenbildung. Mit wachsender Spanungsdicke steigt der abzuscherende Spanungsquerschnitt, so daß zwangsläufig größere Werkstofflamellen abgetrennt werden. Die Lamellenfrequenz nimmt daher mit steigendem Vorschub ab, während die statischen und dynamischen Schnittkräfte ansteigen. Im Bereich kleiner Vorschübe ist auf Grund der geringen Lamellenfrequenz eine Segmentierung des Spanes nicht mehr zu erkennen. Der entstehende Span muß als Fließspan bezeichnet werden.

Für verschiedene Schnittiefen im Bereich von $a = 1$ bis 5 mm konnte bei den untersuchten Werkstoffen bzw. Gefügezuständen praktisch kein Einfluß auf die Spanlamellenfrequenz und -höhe festgestellt werden. Die statischen und dynamischen Schnittkräfte steigen mit wachsender Schnittiefe auf Grund der größeren Spanquerschnitte linear an.

Eine große Bedeutung für die Intensität der Lamellenbildung kommt der Größe des wirkenden Spanwinkels zu. Mit wachsendem Spanwinkel wird im allgemeinen eine Verminderung der notwendigen Verformungs- und Trennarbeit erzielt, das heißt, der bei der Spanentstehung in der Scherzone auftretende Verformungsgrad ist bei einem größeren Spanwinkel geringer. Dieses bewirkt eine Abnahme der Spanlamellenhöhe (Abb. 28), die wiederum eine Verminderung der auftretenden Kraftamplituden zur Folge hat. So konnte zum Beispiel bei den gegebenen Versuchsbedingungen für einen Spanwinkel $\gamma > 0°$ praktisch keine Spanlamellenbildung mehr beobachtet werden. Da die statischen Schnittkräfte mit wachsendem Spanwinkel abnehmen [3, 5], sinkt auch die Beanspruchung des Werkzeuges infolge der durch den ablaufenden Span verursachten Reibung, wodurch der dynamische Schnittkraftanteil weiter vermindert wird.

Bei einer Änderung des Spanwinkels von $\gamma = -10°$ auf $\gamma = +6°$ gehen für die untersuchten Werkstoffe die Absolutwerte der Schnittkraftschwankungen auf etwa 33% ihres ursprünglichen Wertes zurück.

Bei der Bearbeitung von Werkstoffen hoher Festigkeit mit Hartmetallwerkzeugen müssen häufig kleine oder negative Spanwinkel eingesetzt werden, um der Schneide die nötige Stabilität zu geben. Zur Erzielung eines ruhigen und gleichmäßigen Schnittes empfiehlt es sich nach den Versuchsergebnissen in Abb. 28 jedoch, den Spanwinkel stets so groß wie möglich zu wählen.

Eine Änderung der übrigen Werkzeugwinkel und des Meißeleckenradius hat für die Spanlamellenbildung und die hierdurch bedingten Schnittkraftschwankungen nur geringfügige Bedeutung. Die Beeinflussung erfolgt hierbei entsprechend der in den Abb. 20 und 21 gezeigten Tendenz.

Auch der Einsatz verschiedener Hartmetallsorten wirkt sich nur geringfügig auf die Spanlamellenbildung aus. Jedoch ist der dynamische Schnittkraftanteil im Fließspanbereich für die Bearbeitung mit Schneidstoffen hohen Titankarbidgehaltes etwas niedriger. Dies ist auf die hierbei vorliegenden kleineren Kontaktzonen zurückzuführen.

6. Auswirkungen der Schnittkraftschwankungen auf die Oberflächengüte des bearbeiteten Werkstückes

Im allgemeinen wird die am Werkzeug angreifende Schnittkraft als Maß für den Widerstand angesehen, den ein Werkstoff dem Eindringen des Werkzeuges entgegensetzt. Unter Berücksichtigung dieser Definition ist ein direkter Zusammenhang zwischen den dynamischen Schnittkräften und der entstehenden Werkstückoberflächengüte zu erwarten, insbesondere dann, wenn Schnittkraftschwankungen in Vorschub- oder Rückkraftrichtung auftreten.

Zur Vermeidung einer Nachbearbeitung wird in vielen Fällen beim Schruppdrehen eine ISA-Qualität IT 7 bis IT 8, bei großen Werkstücken, deren Umspannung und Transport zeit- und kostenaufwendig sind, sogar eine ISA-Qualität IT 5 bis IT 6 angestrebt. Frühere Untersuchungen [53] ergaben, daß ein enger Zusammenhang zwischen der ISA-Maßtoleranz und der Oberflächengüte besteht. Hiernach dürften die hergestellten Werkstückoberflächen in Abhängigkeit von der ISA-Maßtoleranz bestimmte Rauheiten nicht überschreiten. Beim Drehen von Stahl mit Hartmetallwerkzeugen werden dementsprechend für eine ISA-Qualität IT 7 bis IT 8 Ra-Werte $\leqq 3{,}7\ \mu m$ und Rt-Werte $\leqq 16\ \mu m$ verlangt.

Zahlreiche Forschungsarbeiten haben sich bereits mit dem Problem der Oberflächenqualität beim Drehen beschäftigt. Hiernach sind folgende Faktoren für die entstehende Werkstückoberflächengüte von Bedeutung:

1. Schneidengeometrie und Vorschub,
2. Schneidenzustand (Schartigkeit und Verschleiß),
3. Werkstoffeigenschaften,
4. zusätzliche Relativbewegungen zwischen Werkzeug und Werkstück, die neben den vorgegebenen Arbeitsbewegungen auftreten.

Die Abhängigkeit der Oberflächengüte von der Schneidenform und dem eingestellten Vorschub ist weitgehend bekannt und läßt sich mit vorgegebenen Bearbeitungsbedingungen rechnerisch vorausbestimmen [54–57]. In erster Näherung ergibt sich die Werkstückrauhtiefe mit Hilfe der Gleichung

$$\mathrm{Rt}_{\mathrm{th}} = \frac{s^2}{8\,r} \tag{3}$$

Jedoch ist in Abhängigkeit vom Schneidkantenradius und der Schnittgeschwindigkeit nur eine bestimmte Mindestspandicke h_1 erreichbar. Unterhalb dieses Wertes arbeitet das Werkzeug instabil, da ein ständiger Wechsel zwischen Schnitt und Schnittunterbrechung sich vollzieht. Im Bereich kleinerer Vorschübe und größerer Meißelradien wird die Oberflächengüte daher stark durch die Mindestspandicke bestimmt. Die hierbei entstehende Rauhtiefe läßt sich mit Hilfe der Gl. (4) bestimmen [57].

$$\mathrm{Rt}_{\mathrm{th}} = \frac{s^2}{8\,r} + \frac{h_{\min}}{2}\left(1 + \frac{r \cdot h_{\min}}{s^2}\right) \tag{4}$$

Ein Einfluß des Versuchswerkstoffes auf die Rauhtiefe ergibt sich bei üblichen Zerspanbedingungen infolge der unterschrittenen Mindestspandicken im Bereich des an dem Meißelradius oder an der Nebenschneide auslaufenden Spanungsquerschnittes [65]. Der zurückbleibende Spanzipfel erfährt durch die Schneide eine elastische Verformung, die nach dem Vorbeigleiten des Werkzeuges zurückfedert. Je nach den Werkstoffeigen-

schaften ist die Verformung des Spanzipfels teilweise plastisch. In diesem Fall nimmt die negative Beeinflussung der Oberflächengüte durch den Spanzipfel ab.
Bei Bildung elastischer Spanzipfel beträgt die Werkstückrauhtiefe bis zu 130% der rechnerischen Rauhtiefe [61]. Der Einfluß von Schnittkraftschwankungen auf die Oberflächengüte wurde bisher bevorzugt im Zusammenhang mit dem Auftreten von Ratterschwingungen betrachtet [58–60]. Lediglich SATA [61] weist auf die Bedeutung des dynamischen Schnittkraftanteiles auf das Bearbeitungsergebnis bei einem stabilen Schnitt hin.
Wie im Kapitel 4 gezeigt wurde, treten bei einem normalen Längsdrehvorgang infolge der räumlich wirkenden Zerspankraft Schnittkraftschwankungen stets in allen drei Komponenten auf. Die Frequenzen der Kraftschwankungen sind hierbei in allen drei Richtungen gleich, Phasenlage und Amplitudenhöhe differieren. Auf Grund der endlichen Steifigkeit der Systeme Spindel–Werkstück und Werkzeug–Werkzeugeinspannung–Support verursachten Schnittkraftschwankungen zusätzliche Relativbewegungen zwischen Werkstück und Drehmeißel.
Die größte Bedeutung hinsichtlich der erreichten Oberflächengüte kommt den Kraftkomponenten in Vorschub- und Rückkraftrichtung zu, da sich diese stärker als die Hauptschnittkraft auf die Verformung der Maschine und ihre Arbeitsgenauigkeit auswirken. Schnittkraftschwankungen in Vorschubrichtung verursachen eine Änderung des theoretischen Oberflächenprofils und beeinflussen die wirksame Spanungsdicke, die nach Gl. (4) in direktem Zusammenhang mit der Rauhtiefe Rt steht. Ein dynamischer Schnittkraftanteil in Rückkraftrichtung bewirkt eine Relativbewegung des Werkzeuges senkrecht zur Werkstückoberfläche und damit eine Änderung des Oberflächenprofils in der Größenordnung der doppelten Schwingwegamplitude. Schwankungen der Hauptschnittkraft beeinflussen die Werkstückoberfläche nur im Zusammenhang mit geringfügigen Maßabweichungen infolge der wechselnden Werkzeug- und Werkstückdurchbiegung, die jedoch bei einem stabilen Schnitt meist vernachlässigbar klein sind. Aus diesem Grunde werden bei den folgenden Untersuchungen auch nur die Kraftschwankungen in Vorschub- und Rückkraftrichtung zum Vergleich mit der Werkstückoberfläche herangezogen.
Eine direkte Zuordnung von Schnittkraftschwankung und Oberflächenprofil ist meist nicht sinnvoll, da die Messung der Oberflächengüte in axialer Richtung, die Bestimmung des Schnittkraftverlaufes jedoch über den Drehweg, das heißt in Umfangsrichtung erfolgt. Lediglich beim Drehen im Orthogonalschnitt ist ein Vergleich gegeben, da hierbei das Oberflächenprofil durch die Bewegung der Werkzeugschneide senkrecht zur Schnittfläche, das heißt durch Schnittkraftschwankungen in Vorschubrichtung erfolgt.
Zur Kennzeichnung des Zusammenhanges zwischen Schnittkraftschwankung und Oberflächengüte wurde zunächst ein Werkstück bei gleichzeitiger Erfassung des Schnittkraftverlaufes im Orthogonalschnitt bearbeitet. Das Profil des entsprechenden Oberflächenabschnittes wurde mit einem Tastgerät aufgezeichnet. Diese beiden Meßgrößen sind in Abb. 29 mit gleichen Zeitmaßstäben gegenübergestellt. Der dynamische Anteil der Vorschubkraft ΔF_V zeigt in seinem Verlauf die gleiche Charakteristik wie das Oberflächenprofil. Erwartungsgemäß läßt sich die Zugehörigkeit beider Schriebe am deutlichsten an Hand des zeitlichen Verlaufes darstellen, da die Höhe der Schriebe durch zusätzlich wirkende Einflußgrößen, wie zum Beispiel die Schneidenschartigkeit, die Werkstoffeigenschaften oder die statische und dynamische Steifigkeit der Werkzeugeinspannung verzerrt wird. Da der Abszissenmaßstab des Oberflächenprofils durch das Oberflächenabtastgerät vorgegeben ist, muß zur Erzielung des gleichen Maßstabes für den Schnittkraftverlauf ein bestimmtes Verhältnis von Papiergeschwindigkeit des ver-

wendeten Lichtpunktschreibers zur Schnittgeschwindigkeit vorgegeben werden. Die verwendbare Schnittgeschwindigkeit ist daher bei gegebenen Daten der Meßinstrumente begrenzt und beträgt für den vorliegenden Fall maximal 3 m/min.

Die Abhängigkeit der Oberflächengüte von der Höhe der aufgetretenen Schnittkraftschwankungen ist in Abb. 30 wiedergegeben. Mit wachsender Schnittgeschwindigkeit steigen die Werkstückrauhtiefe und der dynamische Schnittkraftanteil auf Grund der Aufbauschneidenbildung bis zu einem Maximum an, um nach Verschwinden der Aufbauschneiden degressiv abzunehmen. Zur Vermeidung von unerwünschten Beeinflussungen der Schnittkraft durch den Werkzeugverschleiß wurden bei allen Versuchen stets neu angeschliffene Meißel eingesetzt. Die Maxima der Kurven in Abb. 30 liegen etwa bei derselben Schnittgeschwindigkeit, die Neigung der Kurven ist sowohl im ansteigenden als auch abfallenden Ast gleich. Bezieht man die gemessenen Schnittkraftschwankungen ΔF_V auf die zugehörige Werkstückrauhtiefe Rt, so ergibt sich für den vorliegenden Zerspanvorgang ein nahezu konstantes Verhältnis Rt/ΔF_V = 6,5 μm/kp. Eine Übertragung dieses Wertes auf andere Bearbeitungsbedingungen oder Werkzeugmaschinen ist jedoch nicht möglich, da zum Beispiel die Steifigkeit der Maschine sowie die Werkstoff- und Schneidstoffeigenschaften das Verhältnis Rt/ΔF_V stark beeinflussen können.

Auch für den normalen Längsdrehvorgang läßt sich ein direkter Zusammenhang zwischen Schnittkraftschwankung und Oberflächengüte aufzeigen. In Abb. 31 sind der dynamische Schnittkraftanteil in Rückkraftrichtung und das entstandene Oberflächenprofil in Abhängigkeit von der Schnittgeschwindigkeit gegenübergestellt. Mit abnehmender Kraftamplitude nähert sich das Oberflächenprofil immer stärker dem Idealprofil, welches durch die Form des Werkzeuges und den Vorschub gegeben ist. Abb. 32 zeigt die Ergebnisse von Schnittkraft- und Oberflächenmessungen an zwei verschiedenen Werkstoffen. Im Bereich niedriger Schnittgeschwindigkeiten entstehen durch Scherspanbildung und Aufbauschneiden große Schnittkraftschwankungen und eine hohe Werkstückrauhtiefe. Oberhalb dieses Bereiches steigt auf Grund der zunehmenden Schnittemperaturen die Verformungsfähigkeit des Werkstoffes, so daß reine Fließspäne entstehen. Der dynamische Schnittkraftanteil sinkt ebenso wie die Werkstückrauhtiefe. Die Werkstückoberfläche nimmt das für das Längsdrehen charakteristische Profil an, dessen Rauhtiefe über die Gl. (4) berechnet werden kann und für die gegebenen Zerspanbedingungen (s = 0,25 mm/U; r = 1,2 mm) in die Diagramme eingezeichnet ist. Die theoretischen Werte wurden unter Annahme eines Schneidkantenradius von 10 μm und mit Hilfe der Versuchskurven von Sokolowski [58] ermittelt. Ähnlich dem dynamischen Schnittkraftanteil bleibt auch der Abstand zwischen der experimentell und der theoretisch ermittelten Rauhtiefe bei Schnittgeschwindigkeiten $v > 100$ m/min nahezu konstant. Die Größe dieses Abstandes hängt weitgehend von der Schartigkeit der Schneide und den Eigenschaften des Versuchswerkstoffes ab und beträgt im vorliegenden Fall etwa 3 bzw. 2 μm.

In weiteren Untersuchungen wurde der Einfluß des dynamischen Schnittkraftanteiles auf die Werkstückrauhtiefe in Abhängigkeit vom Vorschub ermittelt (Abb. 33). Im Bereich kleiner Spanungsdicken wird die Oberflächengüte vorwiegend durch die zeitweilig unterschrittene Mindestspantiefe bestimmt. Nach Überschreiten des Rauhtiefenminimums ergibt sich entsprechend dem theoretischen Profil mit wachsender Spanungsdicke eine Verschlechterung der Werkstückoberflächengüte. Der dynamische Schnittkraftanteil nimmt mit ansteigendem Vorschub geringfügig zu, da auf Grund der vergrößerten Kontaktfläche zwischen Span und Werkzeug auch die Reibungsfläche anwächst.

Wie auch weitere Versuche mit unterschiedlichen Zerspanbedingungen (zum Beispiel veränderter Schnittiefe, Schneidengeometrie oder verändertem Schneidstoff) zeigten, kann eine Aussage über die Auswirkung der Schnittkraftschwankungen auf die Werkstückoberfläche nur unter Berücksichtigung der spezifischen Schnittbedingungen getroffen werden. Sind jedoch die Zerspanbedingungen während eines Bearbeitungsvorganges konstant, so verhält sich die Werkstückrauhtiefe beim Längsdrehvorgang proportional zum dynamischen Schnittkraftanteil in Rückkraftrichtung.

Diese Beobachtung erfährt in gewissen Grenzen eine Einschränkung, wenn unrunde Werkstücke oder Werkstücke mit sehr ungleichmäßigen Ausgangsflächen bearbeitet werden. Im ersten Fall ergibt sich systembedingt eine Schnittkraftschwankung, die in direkter Beziehung zur Werkstückdrehzahl steht und dementsprechend mit einem Filtersystem vom Gesamtsignal getrennt werden kann. Sofern die mit dem Werkstückumfang veränderliche Spanungsdicke keinen instabilen Schnitt verursacht, dürfte unter diesen Bedingungen die Aussagefähigkeit der dynamischen Schnittkraft bezüglich der Werkstückoberflächengüte für unrunde Werkstücke erhalten bleiben.

Die geringe Auswirkung der Ausgangsoberflächengüte auf die gezeigte Abhängigkeit zwischen der Schnittkraftschwankung in Rückkraftrichtung und der hierdurch beeinflußten Werkstückrauhtiefe beim Längsdrehen läßt sich an Hand der Abb. 34 erkennen. Zur Erzielung einer unterschiedlichen Ausgangsrauhigkeit wurde ein Werkstück zunächst über mehrere Abschnitte seiner Länge mit unterschiedlichen Meißeleckenradien und Vorschüben bearbeitet. Hierdurch ergaben sich auf den Abschnitten bestimmte Rauhtiefen, die für die jeweiligen Schnittbedingungen durch Vorversuche ermittelt wurden. Ein folgender Schnitt über das so vorbereitete Werkstück zeigte über die Drehlänge keinen meßbaren Unterschied im Schnittkraftverlauf. Auch die Werkstückoberflächengüte zeigte über der Drehlänge keine Veränderung.

Eine Beeinflussung des Verhältnisses zwischen dynamischem Schnittkraftanteil und Werkstückrauhtiefe ist zu erwarten, wenn spanlos hergestellte Werkstücke durch einen Überlauf beim Längsdrehen fertig bearbeitet werden. In diesem Fall ist die Ausgangsoberfläche auf dem Umfang und der Länge sehr unregelmäßig, so daß hierdurch verursachte Schnittkraftschwankungen stochastische Signale darstellen, die direkt von der Werkstückbeschaffenheit abhängig sind.

Eine besondere Bedeutung ist auch den durch die Spanlamellenbildung verursachten Werkzeugschwingungen hinsichtlich der entstehenden Werkstückoberflächengüte beizumessen. Infolge der Spanlamellenbildung kann die räumliche Bewegung der Meißelspitze so groß werden, daß die charakteristischen Vorschubrillen eines gedrehten Werkstückes vollkommen verlorengehen und durch »Rattermarken« ersetzt werden. Die Änderung von Frequenz und Phasenlage der Rattermarken in Abhängigkeit vom Drehweg ist nur sehr gering, da es sich bei den durch die Spanlamellenbildung verursachten Werkzeugschwingungen stets um erzwungene und nicht um selbsterregte Schwingungen handelt. Das Oberflächenprofil wird bei konstanten Bearbeitungsbedingungen mit dem Drehweg lediglich durch eine Änderung der in der Scherzone ablaufenden Verformungsvorgänge, wie sie zum Beispiel durch einen anwachsenden Werkzeugverschleiß entstehen können, beeinflußt.

Werden zur vollständigen Bearbeitung eines Werkzeuges mehrere Überläufe benötigt, so wird die durch die Spanlamellenbildung bedingte Werkzeugschwingung bereits beim zweiten Überlauf von einer Schwingung überlagert, die infolge der Bearbeitung der schon erzeugten welligen Oberfläche entsteht. Außerdem besteht immer die Möglichkeit, daß die Bildungsfrequenz der Spanlamellen im Bereich der Resonanzfrequenzen eines im Kraftfluß befindlichen Elementes liegt.

In beiden Fällen ist auf Grund der verstärkten Schwingbewegung des Werkzeuges mit einer erhöhten Werkstückrauhtiefe zu rechnen. Abb. 35 zeigt Werkstückoberflächen, die bei der Bearbeitung des niedrig legierten CrNi-Stahles im Vergütungszustand auftraten. Gleichzeitig sind die entsprechenden Abtastdiagramme und die Längsschliffe der bei den jeweiligen Versuchen entstandenen Späne gegenübergestellt. Man erkennt deutlich die Auswirkung der mit zunehmender Lamellenhöhe ansteigenden Werkzeugschwingungen.

In dem Falle, wo die Bildungsfrequenz der Spanlamellen im Bereich der Meißelfrequenz liegt, tritt an die Stelle des charakteristischen Profils einer gedrehten Werkstückoberfläche ein ausgeprägtes Rattermuster. Die Werkstückrauhtiefe steigt entsprechend an. Die Verschlechterung der Oberflächengüte wird nicht so sehr durch die periodische Änderung der Schnittgeschwindigkeit bewirkt, sondern durch den ständigen Wechsel des Spanungsquerschnittes und der damit verbundenen Relativbewegungen zwischen Werkstück und Werkzeug, die in Richtung der Werkstückachse und senkrecht zur gedrehten Oberfläche auftreten. Der Einsatz von Werkzeugmaschinen hoher statischer und dynamischer Steifigkeit bewirkt hierbei lediglich eine Verkleinerung der Schwingwegamplituden. Die Beseitigung von Schwingungen auf Grund einer Lamellenspanbildung und deren Folgen auf die Werkzeugstandzeit und Oberflächengüte kann letztlich nur durch eine Änderung der Zerspanbedingungen oder der Werkstoffeigenschaften erfolgen.

An Hand der gewonnenen Versuchsergebnisse kann die Aussage getroffen werden, daß mit Hilfe der dynamischen Schnittkraftmessung unter bestimmten Voraussetzungen bereits während des Bearbeitungsvorganges eine Aussage über die Güte der bearbeiteten Werkstückoberfläche möglich ist. Diese Erkenntnis dürfte im Zusammenhang mit einer möglichen Überwachung und Optimierung des Zerspanprozesses (siehe Kapitel 2.5) während der Bearbeitung von Bedeutung sein.

7. Zusammenfassung

Werkzeugmaschine, Werkzeug und Werkstück unterliegen durch die bei der Spanentstehung ablaufenden Verformungs-, Trenn- und Reibvorgänge sowohl einer statischen als auch einer dynamischen Belastung. Je nach der Steifigkeit der im Kraftfluß befindlichen Bauelemente sowie nach der Größe und Richtung der auftretenden Kräfte kann hierdurch die Arbeitsgenauigkeit der Maschine herabgesetzt werden. Gesetzmäßigkeiten und Richtwerte für die Höhe der beim Zerspanprozeß auftretenden Schnittkräfte sind bisher nur für den statischen Kraftanteil bekannt geworden, während Angaben über den dynamischen Kraftanteil nur in geringem Umfang vorliegen. In der vorliegenden Forschungsarbeit werden die Ursachen der durch den Spanbildungsvorgang bedingten Schnittkraftschwankungen ermittelt und Richtwerte für Amplituden und Frequenzen angegeben. Dabei erwies es sich als notwendig, den Versuchen die Entwicklung und den Bau geeigneter Meßsysteme voranzustellen. Zur gleichzeitigen Messung statischer und dynamischer Schnittkräfte bieten sich als geeignete Meßwertgeber sowohl Piezoquarze als auch Halbleiterdehnungsmeßstreifen an. Im praktischen Einsatz zeigte es sich, daß das piezoelektrische Meßsystem auf Grund seiner hohen Eigenfrequenz, seiner geringen Baugröße und leichten Handhabung anderen Meßsystemen überlegen ist.

Der Aufbau eines Dreikomponenten-Schnittkraftmessers mit Quarzkristall-Kraftmeßzellen für die Zerlegung einer beliebig gerichteten dynamischen und quasistatischen

Kraft in drei senkrecht zueinander stehende Komponenten wird beschrieben. Weiterhin wird die Wirkungsweise eines Kompensationsgerätes, welches die unerwünschte gegenseitige Beeinflussung der einzelnen Kraftkomponenten ausschalten soll, erläutert.
Bei der Zerspanung ist insbesondere eine ungleichmäßige Spanbildung, wie sie durch die Scherspan- und Aufbauschneidenbildung gegeben ist, als Ursache für das Auftreten von Schnittkraftschwankungen anzusehen. Dementsprechend tritt bei der Stahlbearbeitung im Bereich niedriger Schnittgeschwindigkeiten ein hoher dynamischer Schnittkraftanteil auf, der für die Hauptschnittkraftkomponente bis zu 20%, für die Vorschub- und Rückkraftkomponente bis zu 50% des statischen Kraftanteiles beträgt. Mit zunehmender Schnittgeschwindigkeit werden die Kraftschwankungen kleiner und liegen im Bereich der reinen Fließspanbildung je nach Schnittkraftkomponente zwischen 5 und 10% des statischen Anteils. Für veränderte Vorschübe und Schnittiefen bleibt dieser dynamische Anteil erhalten, sofern das Verhältnis von $a : r > 3 : 1$ ist und die Spanbildungsvorgänge im Fließspanbereich ablaufen.
Eine Variation der Schneidengeometrie wirkt sich lediglich auf das Verhältnis der Kraftkomponenten zueinander aus. Die Beeinflussung erfolgt hierbei für den statischen und den dynamischen Kraftanteil in gleicher Weise.
Eine Verkleinerung des Spanbrecherabstandes bei konstantem Vorschub führt zu einer stärkeren Aufstauchung des ablaufenden Spanes und zu einem Ansteigen der statischen und dynamischen Schnittkräfte. Bei einem sehr geringen Spanbrecherabstand kann der dynamische Kraftanteil in Vorschub- und Rückkraftrichtung bis zu 100% des statischen Kraftanteils betragen.
Die Frequenzen der durch die Scherspan- und Aufbauschneidenbildung bedingten Schnittkraftschwankungen liegen im Bereich unterhalb 1,2 kHz. Die Richtung der statischen und dynamischen Gesamtkraft verändert sich in Abhängigkeit von Vorschub und Schneidengeometrie. Der Schnittgeschwindigkeit kommt in diesem Zusammenhang keine Bedeutung zu.
Eine wesentliche Ursache für das Auftreten von Schnittkraftschwankungen durch den Zerspanprozeß ist die Spanlamellenbildung, die besonders bei der Bearbeitung von niedriglegierten und legierten Stählen auftritt. Da die Frequenzen der hierdurch bedingten Wechselkräfte bis zu 60 kHz betragen können, mußte ein spezielles Meßsystem entwickelt werden. Die Intensität der Lamellenbildung kann durch eine Variation der Schnittbedingungen beeinflußt werden. Insbesondere die Schnittgeschwindigkeit, der Vorschub und der Spanwinkel sind hierbei von Bedeutung. Die Werkstoffeigenschaften kommen als weitere Einflußgrößen hinzu.
In weiteren Versuchen konnte gezeigt werden, daß mit Hilfe einer dynamischen Schnittkraftmessung während des Zerspanvorganges eine Aussage über die Güte der Werkstückoberfläche getroffen werden kann. Die durch die Schnittkraftschwankungen bedingten Meßsignale bieten sich demnach als Regelsignale bei einer möglichen Optimierung des Zerspanprozesses an.

8. Literaturverzeichnis

[1] Kienzle, O., und H. Victor, Spezifische Schnittkräfte bei der Metallbearbeitung.

[2] Kronenberg, M., Grundzüge der Zerspanungslehre, Bd. 1. Springer Verlag, Berlin-Göttingen-Heidelberg, 1954.

[3] Victor, H., Beitrag zur Kenntnis der Schnittkräfte beim Drehen, Hobeln und Bohren. Dissertation TH Hannover, 1958.

[4] Opitz, W., Untersuchungen der Hauptschnittkräfte beim Einstechdrehen mit Formwerkzeugen. Dissertation TH Aachen, 1968.

[5] Meyer, K. F., Vorschub- und Rückkräfte beim Drehen mit Hartmetallwerkzeugen. Dissertation TH Aachen, 1963.

[6] Hirschfeld, M., Spezifische Schnittkraft-Richtwerte und verfahrensabhängige Schnittkraftgleichungen. Werkstatt und Betrieb 94. Jg., 1961, H. 8, S. 537–540.

[7] Klein, W., Versuch einer einheitlichen Darstellung der Kräfteverhältnisse bei verschiedenen Zerspanungsarten. Dissertation TH Berlin, 1938.

[8] Opitz, H., Schwingungen an Werkzeugmaschinen. Revue Universelle des Mines, 9e Serie T XVIII, No. 2, Feb. 1962, S. 1–9.

[9] Kececioglu, D., Force Components, Chip Geometry and Spezific Cutting Energy in Orthogonal and Oblique Machining of SAE 1015 Steel. Trans. ASME 80 (1958), S. 149 bis 157.

[10] Krekeler, K., Die Zerspanbarkeit der metallischen und nichtmetallischen Werkstoffe. Springer Verlag, Berlin-Göttingen-Heidelberg, 1951.

[11] Richter, A., Die Zerspanungskräfte beim Drehen im Bereich des Fließspanes. Fertigungstechnik 4 (1954), S. 3, 9, 50, 55, 102, 106.

[12] Kienzle, O., und H. Victor, Einfluß der Warmbehandlung von Stählen auf die Hauptschnittkräfte beim Drehen. Stahl und Eisen 74 (1954), S. 530–539, 549–551.

[13] Tobias, S. A., Schwingungen an Werkzeugmaschinen. Carl Hanser Verlag, München 1961.

[14] Kudinov, V. A., The Dynamic Characteristics of Metal Cutting. Trans. ASME, Vol. XXXIV, No. 10, S. 2–8.

[15] Wallace, P. W., und C. Andrew, Machining Forces: Some Effects of Tool Vibration. I. Mach. E. Science 7 (1965), No. 2.

[16] Tlusty, J., M. Polacek, O. Danek und L. Spaçek, Selbsterregte Schwingungen an Werkzeugmaschinen. VEB Verlag Technik, 1962.

[17] Rohs, H. G., Schnittkraftmeßgeräte. Industrie-Anzeiger Nr. 80, 7. 10. 1955.

[18] Boston, O. W., und C. E. Kraus, A Study in the Turning of Steel Employing a New Three-Component Dynamometer. Trans. ASME 58 (1936), S. 47.

[19] Pekelharing, A. J., Comparison of two Dynamometers of Different Construction. Forschungsbericht der TH Delft, F/Delft/7 (6. 1965), im Rahmen des Zerspanungsprogrammes der CIRP/OECD.

[20] Andersen, S. P., Unveröffentlichte Untersuchungen aus dem Production Engineering Dept. and Machine Tools Laboratory, Technical University of Norway.

[21] Opitz, H., Untersuchung der Zerspanbarkeit von Kohlenstoffstählen. Forschungsbericht des Instituts für Werkzeugmaschinen und Betriebslehre, TH Aachen, vom 15. 10. 1965.

[22] Björke, O., An Analysis of the Cutting Process Dynamics with Reference to Errors in Cutting Force Measurements. CIRP/Annalen, Vol. XV, S. 223–225, 1967.

[23] Ten Horn, B. L., und R. A. Schürmann, Ein Drehbank-Dynamometer für zwei Komponenten. Microtecnic Vol. XI (1957), Nr. 2, S. 62.

[24] Sadowy, M., und H. Scheuber, Grundlegende Zusammenhänge bei statischen und dynamischen Schnittkraftmessungen. Werkstattstechnik 57 Jg. (1967), H. 5.

[25] Gibson, A., und H. Kobler, Elimination of interactions in dynamometer instrumentation. CIRP-Annalen Vol. XIV (3. 3. 1967), S. 305.

[26] Ehrenreich, M., Drehkraftmesser mit Dehnungsmeßstreifen. Microtechnic, Vol. XII (1958), Nr. 6, S. 321.

[27] Pesante, M., A new type of three-component dynamometer. CIRP-Annalen Bd. XII (1963/64), H. 4, S. 202.
[28] Bickel, E., Die wechselnden Kräfte bei der Spanbildung. CIRP-Annalen Bd. XII (1963/64), H. 4, S. 205–212.
[29] Fischer, H., Unveröffentlichte Untersuchungen aus dem Institut für Werkzeugmaschinen der ETH Zürich.
[30] Seidel, J. R. H., Experimentelle Untersuchungen über Zerspanbarkeit und Eigenspannungen von Automatenmessing. Dissertation Universität Neuenburg, 1965.
[31] Spescha, G., und E. Volle, Piezoelektrische Meßgeräte. Sonderdruck der Firma Kistler Instrumente GmbH, Nellingen/Stuttgart.
[32] Bickel, E., Die Problematik der Messung von wechselnden Kräften an der Werkzeugschneide. CIRP-Annalen Bd. VIII (1959), S. 127.
[33] Merchant, M. E., Mechanics of the Metal Cutting Process. Journal of Applied Physics, Vol. 16 (1945), S. 267–318.
[34] Opitz, H., und M. Gappisch, Die Aufbauschneidenbildung bei der spanabhebenden Bearbeitung. Forschungsberichte des Landes NRW, Nr. 1405, Westdeutscher Verlag, Köln und Opladen 1964.
[35] Loladse, T. N., Spanbildung beim Schneiden von Metallen. Akademie Verlag, Berlin 1959.
[36] Schwerd, F., Neue Untersuchungen zur Schnitttheorie und Bearbeitbarkeit. Verlag Stahl und Eisen 51, Düsseldorf 1931, S. 481.
[37] Schwerd, F., Forschung und Forschungsergebnisse zur Schnitttheorie. VDI-Zeitschrift Jg. 76 (1932), S. 1257.
[38] Siebel, E., Handbuch der Werkstoffprüfung, Bd. II. Springer Verlag, Berlin 1955.
[39] Schenk, H. E., H. Schmidtmann, H. Brandis und K. Winkler, Einfluß der Temperatur bis 1000° C auf die Mikrohärte von Eisen und Eisenlegierungen. Archiv für Eisenhüttenwesen 29 (1958), H. 10.
[40] Hoshi, K., Theorie of Build Up Edge. Tool Engineer Vol. 1 (1957), Vol. 2 (1958).
[41] Shaw, M. C., E. Usui und P. A. Smith, Free Machining Steel III. Transactions ASME Vol. 83 (1961).
[42] Lowack, H., Temperaturen an Hartmetalldrehwerkzeugen bei der Stahlzerspanung. Dissertation TH Aachen, 1967.
[43] König, W., Der Werkzeugverschleiß bei der spanabhebenden Bearbeitung von Stahlwerkstoffen. Werkstattstechnik 56 (1966), H. 5, S. 229–234.
[44] Bastien, P., und M. Weisz, Die Beziehung zwischen durch Beugung der Röntgenstrahlen bestimmten Faserstrukturen und dem Formänderungsmechanismus im Schnitt von Metallen. Microtechnic 10 (1956), Nr. 2, S. 57–62, Nr. 3, S. 122–126.
[45] Blankenstein, B., Der Zerspanungsprozeß als Ursache für Schnittkraftschwankungen beim Drehen mit Hartmetallwerkzeugen. Dissertation TH Aachen, 1968.
[46] Hucks, H., Plastizitätsmechanische Grundlagen und Kenngrößen der Zerspanung. Dissertation TH Aachen, 1951.
[47] Röhlke, G., Zur Mechanik des Zerspanungsvorganges. Werkstatt und Betrieb 91 (1958), S. 473–483.
[48] Kienzle, O., Die Bestimmung von Kräften und Leistungen an spanenden Werkzeugen und Werkzeugmaschinen. Z. VDI 94 (1952), S. 299.
[49] Svahn, O., Plasticity in Cutting. Bericht zum OECD-Seminar, Paris 1966.
[50] Pomey, J., Sur les Mécanismes fondamentaux de la Coupe des Métaux. Sonderdruck der Conférence prononceé le 3. mai 1966 a la Salle Chaleil, 11 avenue Hoche Paris 8e.
[51] Albrecht, P., New Development in the Theory of the Metal Cutting Process, Part II: The Theory of Chip Formation. Trans. ASME, Serie B, Journal of Engineering for Industry, Nov. 1961, S. 557–571.
[52] Ferraresi, D., Dynamische Schnittkraftmessungen beim Drehen. Der Maschinenmarkt Nr. 97, 2. 12. 1960, S. 33–43.
[53] Opitz, H., und E. H. Kohlhage, Zuordnung der Oberflächengüte zur ISA-Maßtoleranz. Forschungsberichte des Landes NRW, Nr. 1312.

[54] MOLL, H., Die Herstellung hochwertiger Drehflächen. Dissertation TH Aachen, 1939.
[55] KELLER, K., und M. THURM, Problem der theoretischen Oberflächenqualität beim Bearbeitungsverfahren Drehen. Fertigungstechnik und Betrieb 16. Jg., H. 9, Sept. 1966.
[56] ALLGAIER, E., Die Oberflächengüte beim Drehen. Werkstattstechnik 52 (1962), H. 3.
[57] BRAMMERTZ, P. H., Die Entstehung der Oberflächenrauheit beim Feindrehen. Industrie-Anzeiger Nr. 2, 6. 1. 1961, S. 25.
[58] SOKOLOWSKI, A. P., Präzision in der Metallbearbeitung. VEB Verlag Technik, Berlin 1955.
[59] OPITZ, H., und E. SALJÉ, Die Auswirkungen von Schwingungen auf den Verschleiß und Standzeit von Drehmeißeln. Industrie-Anzeiger Nr. 48, 4. 6. 1954.
[60] GAUDISSARD, PH., Beziehungen zwischen der Rauheit eines gedrehten Werkstückes und der dynamischen Steifigkeit der Maschine. CIRP-Annalen 12 (1963/64), Nr. 1, S. 41–44.
[61] SATA, T., Surface finish in metal cutting. CIRP-Annalen Bd. XII (1963/64), H. 4, S. 190.
[62] OPITZ, H., H. ROHDE und W. KÖNIG, Untersuchungen der Spanformung beim Drehen mit Hartmetallwerkzeugen. Forschungsberichte des Landes NRW, Nr. 820.
[63] PRIMUS, I.-F., Beitrag zur Kenntnis der Spannungsverteilung in den Kontaktzonen von Drehwerkzeugen. Dissertation TH Aachen, 1969.
[64] ANDERSEN, S. P., und H. K. HOLMEN, Testing of strain gauge lathe dynamometer. Forschungsbericht der TU Trondheim, Zeichen HKH/RS/19. 5. 67/0 3064/67.
[65] PEKELHARING, A. J., und R. A. SCHUERMANN, Der Verschleiß an den Nebenschneiden von Hartmetall-Drehmeißeln und die erzeugte Oberflächenrauheit. Werkstattstechnik und Maschinenbau 45. Jg., H. 2, Feb. 1955, S. 49.
[66] Piezoelektrische Meßgeräte. Sonderdruck der Firma Kistler Instrumente GmbH, Nellingen/Stuttgart.
[67] MICHELETTI, G. F., A. DE FILIPPI und R. IPPOLITO, Tool Wear and Cutting Forces in Steel Turning. Annals of the CIRP Vol. XVI, S. 353–360.
[68] MICHELETTI, G. F., Energie absorbée par la coupe des métaux en fonction du degre d'usure de l'outil. KDM Information Georges Fischer S.A., Schaffhausen 1963.
[69] TAKEYAMA, H., Y. DOI, T. MITSOUKA und H. SEKIGUCHI, Sensors of tool life for optimization of Machining. Advances in Machine Tool Design and Research 1967, Part I, S. 191–208.
[70] PIISPANEN, V., Theory of Formation of Metal Chips. Journal of Applied Physics Vol. 19 (1948), S. 876–881. (Die ursprünglich finnische Veröffentlichung erfolgte 1937.)

9. Anhang

Abbildungen und Tabellen

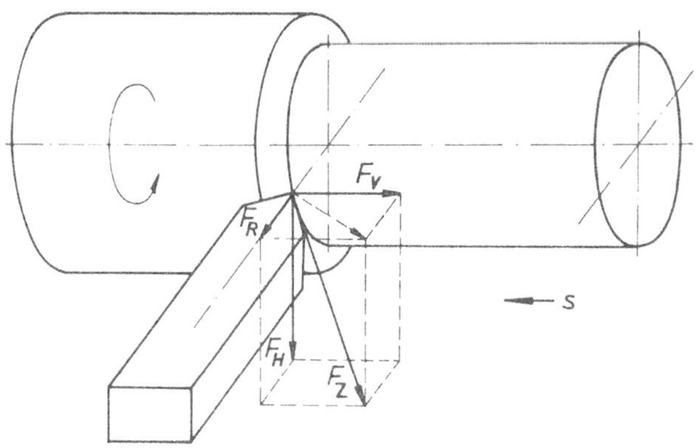

Abb. 1 Schnittkräfte am Drehwerkzeug

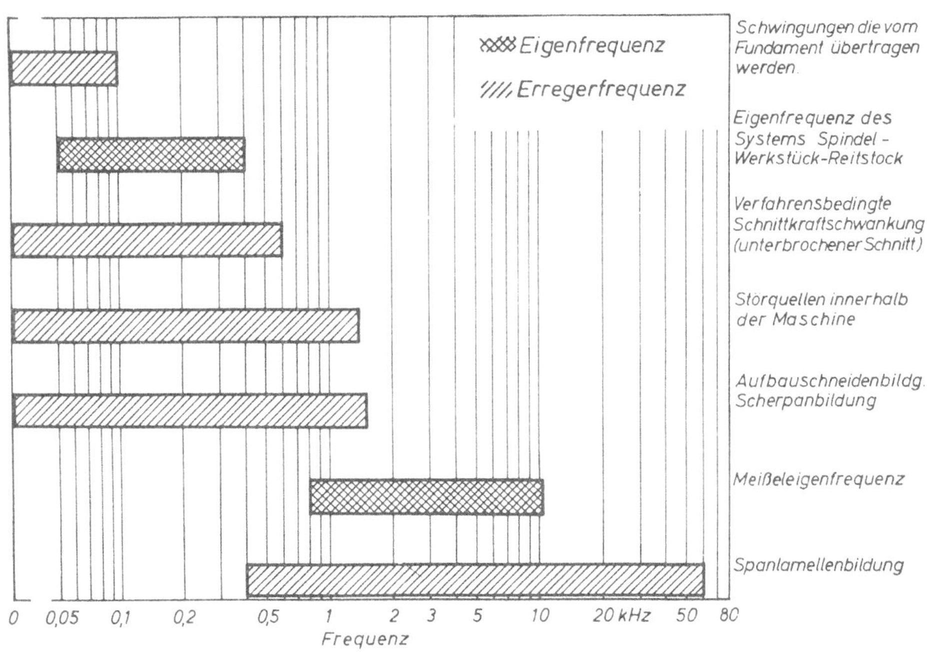

Abb. 2 Die wichtigsten Erregerquellen für einen dynamischen Schnittkraftanteil und ihre Frequenzbereiche

		Schneid-stoff	Schnittgeschwindigkeit v	Spannungsquerschnitt a x s	Sonstige Angaben	Frequenz der Schnittkraftschw. f	Amplitude der Schnittkraftschw. ΔF_H
Stirnfräsen mit Messerköpfen	Schruppen	Hartmetall	100 m/min	5 x 0,4 mm^2	d = 200 mm z = 16 L = 100 mm	~135 Hz	400 kp
	Schlichten	Hartmetall	200 m/min	1 x 0,2 mm^2	D = 200 mm z = 16 L = 100 mm	~270 Hz	45 kp
Hobeln	Schruppen	Hartmetall	50 m/min	5 x 1 mm^2	L = 100 mm	~3,5 Hz	900 kp
	Schlichten	Hartmetall	70 m/min	2 x 0,25 mm^2	L = 100 mm	~5 Hz	110 kp
Außenräumen	Schruppen	HSS	25 m/min	10 x 0,15 mm^2	L = 100 mm t = 30 mm	~45 Hz	420 kp
	Schlichten	HSS	25 m/min	10 x 0,05 mm^2	L = 100 mm t = 30 mm	~45 Hz	170 kp
Stoßen	Schruppen	HSS	25 m/min	5 x 0,4 mm^2	L = 100 mm	~2 Hz	450 kp
	Schlichten	HSS	25 m/min	5 x 0,1 mm^2	L = 100 mm	~2 Hz	120 kp

Tab. 1 *Verfahrensbedingte Schnittkraftschwankungen bei der Bearbeitung des Stahles* C 45 N *für bestimmte Zerspanungsbedingungen (rechnerisch)*

Entwickelt von	Meßwert-geber	Zahl der Komp.	Maximaler Meßbereich kp			Kleinster Meßwert kp			Steifigkeit kp/mm			Eigenfrequenz kHz			maximale Komponentenbeeinfl. %	maximale Werkzeuggröße	Bemerkungen
			F_H	F_V	F_R	F_H	F_V	F_R	F_H	F_V	F_R	F_H	F_V	F_R			
Bickel (28)	Piezoquarze	3	1000	200	200	~0,1	~0,1	~0,1	$>10^6$	$>10^6$	$>10^6$	9	5	5	kompens.	Wende-schneid-platte	
Fischer (29)	Piezoquarze	3				<1	<1	<1	$>10^6$	$>10^6$	$>10^6$	12	12	20	kompens.	Wende-schneid-platte	noch in Entwick-lung
Seidel (30)	Piezoquarze	3	keine Angaben						10^6	10^6	10^6	4,2	4,2	-	kompens.	Wende-schneid-platte	
Pesante (27)	berührungsl. infuktiv u. Dehn.meßstr.	3	500	500	500	10	10	10				3,8	3,8	16	< 0,7 %	"	
Ferraresi (52)	induktive Tauchanker	2	400	400		~1	~1		4×10^4			7,0	7,0		keine	"	
Andersen (64)	Dehnungs-meßstreifen	3	1000	500	500	~1	~1	~1	$4,2 \times 10^3$	$3,7 \times 10^3$	$3,6 \times 10^3$	3,4	3,4	1,9	10,8 %	24 x 24,5 x 100 mm^3	noch in Entwicklung
Ehrenreich (26)	Dehnungs-meßstrei-fen	3	keine Angaben →													Wende-schneid-platte	
eigene Entwickl.	Piezoquarze	3	1000	500	500	< 1	< 1	< 1	$>10^6$	$>10^6$	$>10^6$	3,3	2,3	3,5	kompens.	Schaft 25 mm^2	
eigene Entwickl.	Dehnungs-meßstreifen	3	1000	500	500	~1	~1	~1	$15,0 \times 10^3$	$13,0 \times 10^3$	$33,3 \times 10^3$	1,9	1,8	2,3	< 5 % kompen-sierbar	25 x 25 x 120 mm^3	

Tab. 2 *Übersicht über die wichtigsten, für dynamische Untersuchungen geeigneten Schnittkraftmesser und deren Eigenschaften*

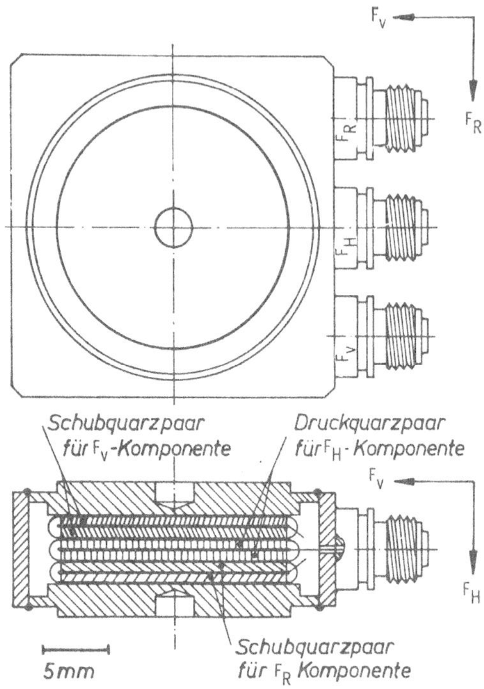

Abb. 3 Prinzip einer piezoelektrischen Dreikomponenten-Kraftmeßzelle

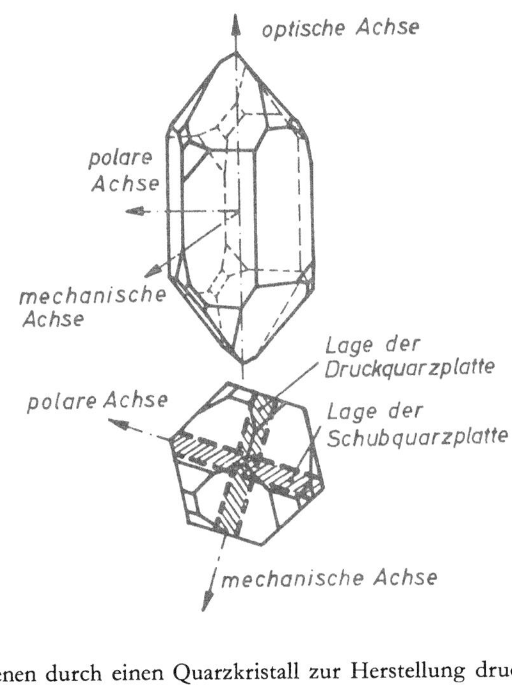

Abb. 4 Schnittebenen durch einen Quarzkristall zur Herstellung druck- und schubempfindlicher Meßquarze

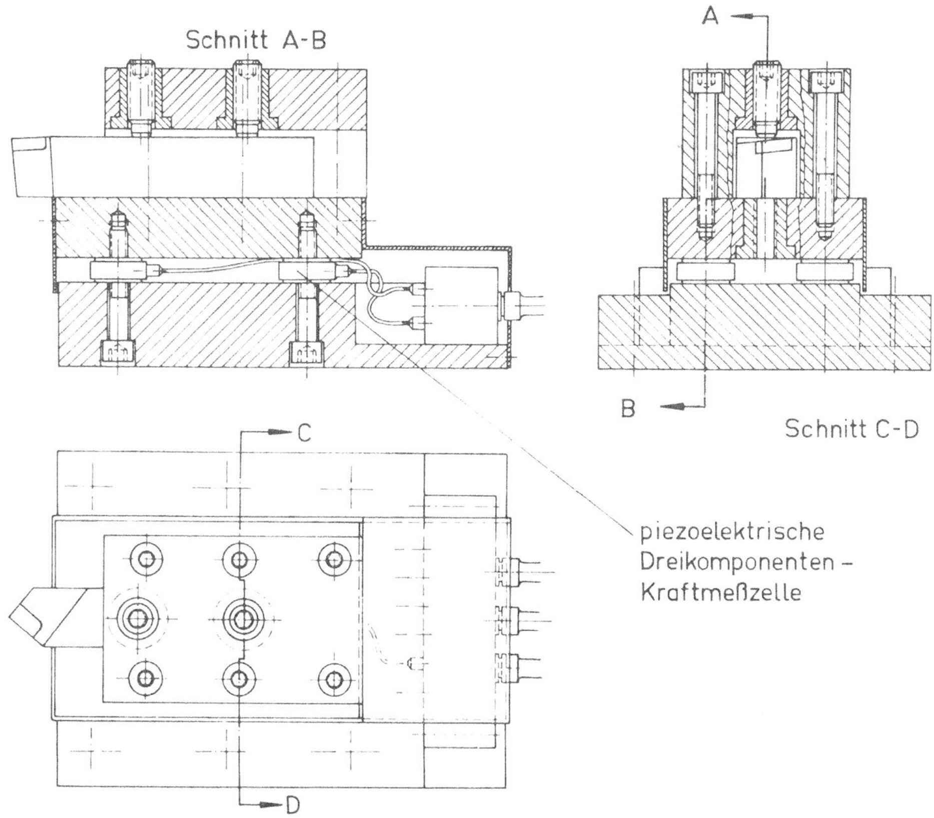

Abb. 5 Prinzipskizze des Dreikomponenten-Schnittkraftmessers mit piezoelektrischen Meßwertgebern

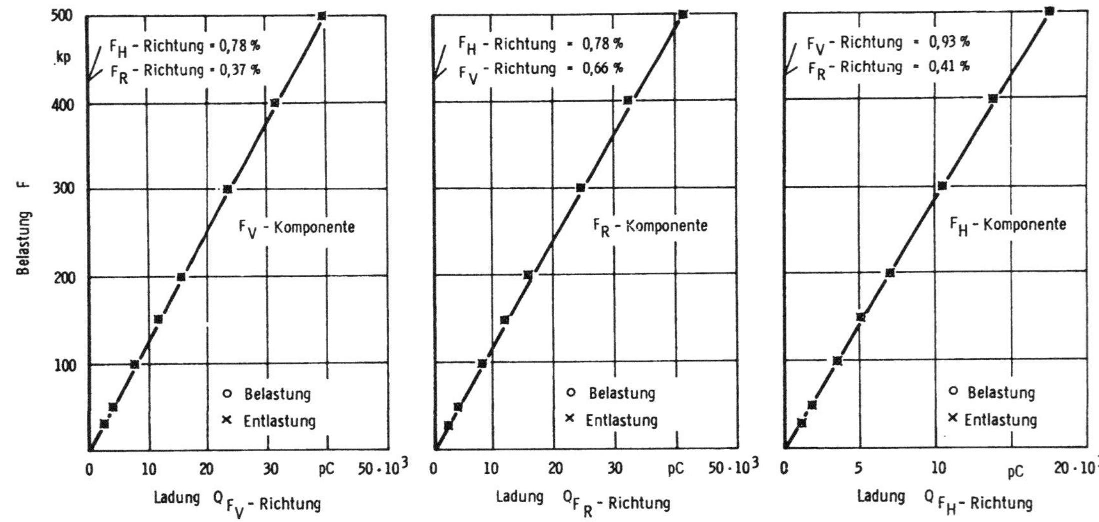

Abb. 6 Statische Eichkurven des Schnittkraftmessers nach der Kompensation

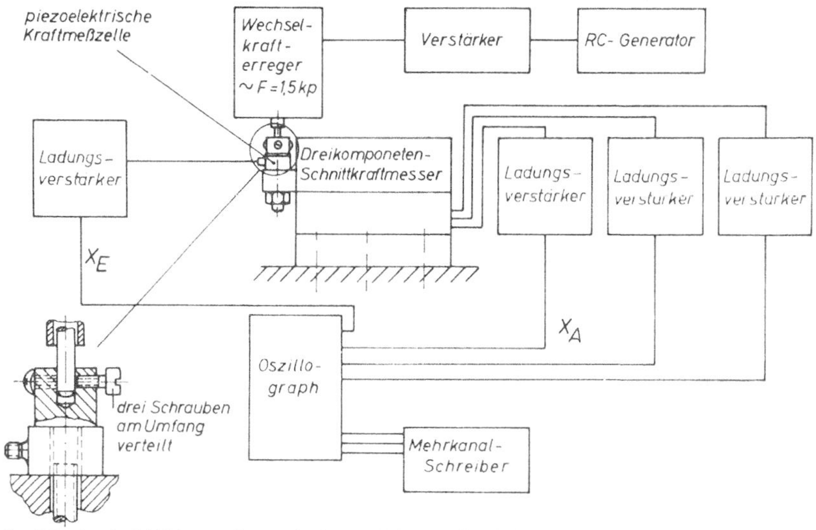

Abb. 7 Blockschaltbild zur dynamischen Eichung des Schnittkraftmessers

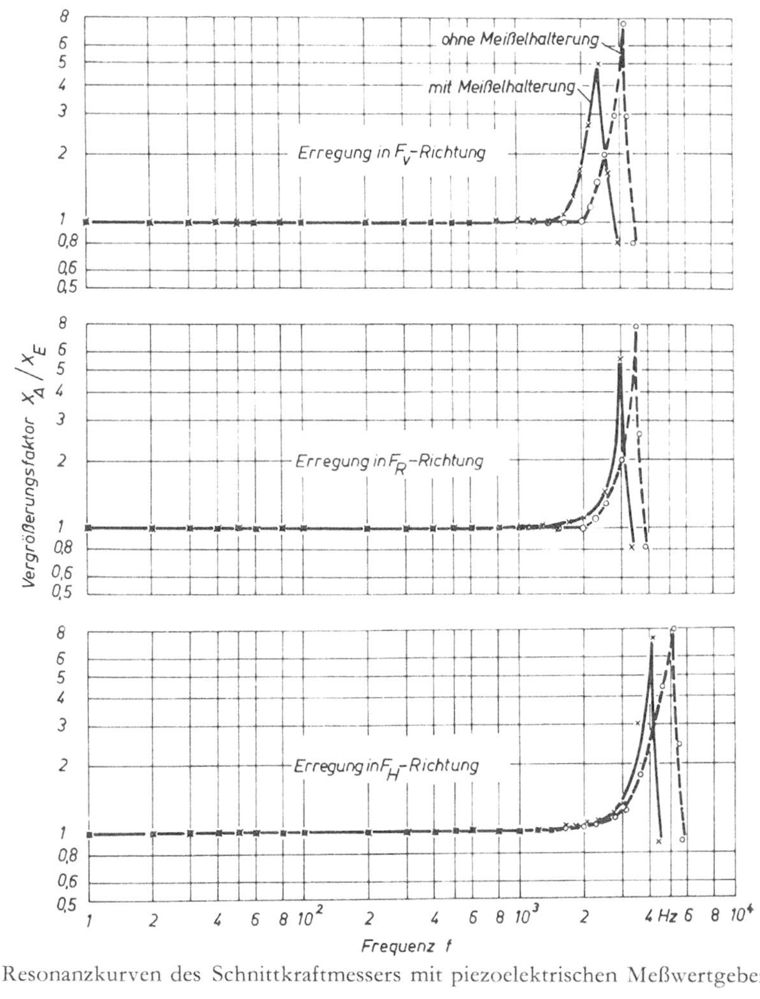

Abb. 8 Resonanzkurven des Schnittkraftmessers mit piezoelektrischen Meßwertgebern

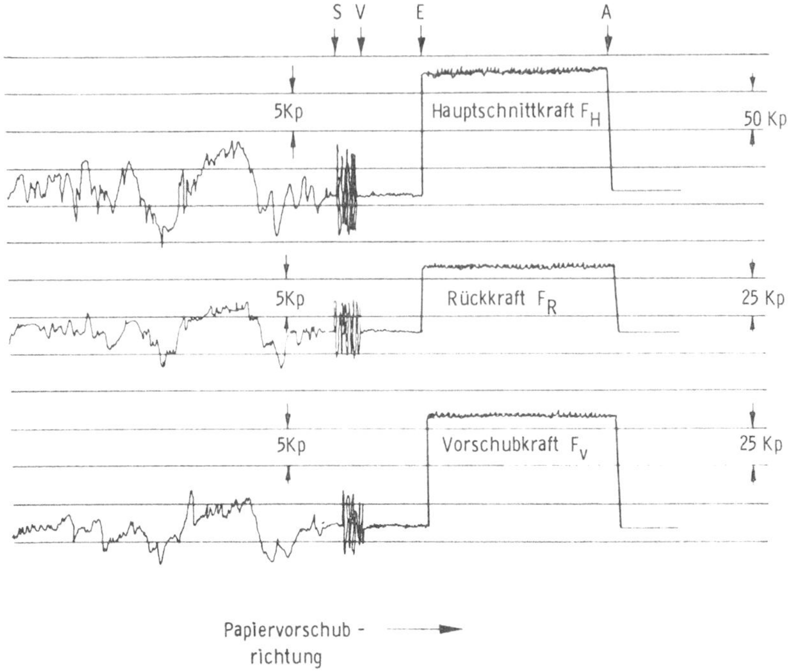

Abb. 9 Aufzeichnung des Schnittkraftverlaufes mit Hilfe eines Lichtschreibers

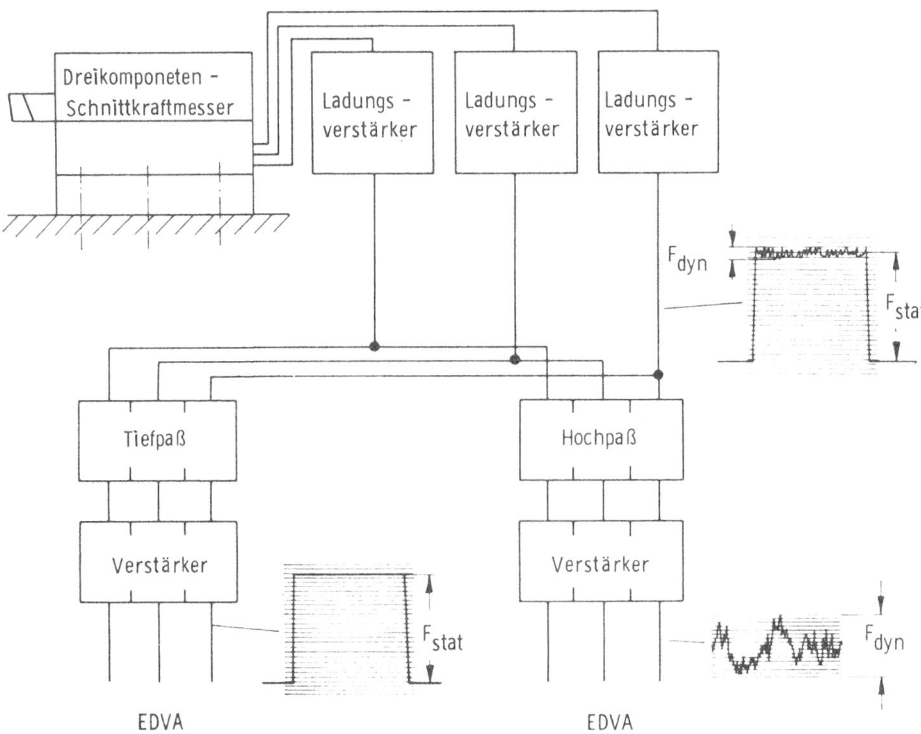

Abb. 10 Blockschaltbild für die Verarbeitung des statischen und dynamischen Schnittkraftanteiles mittels Datenverarbeitung

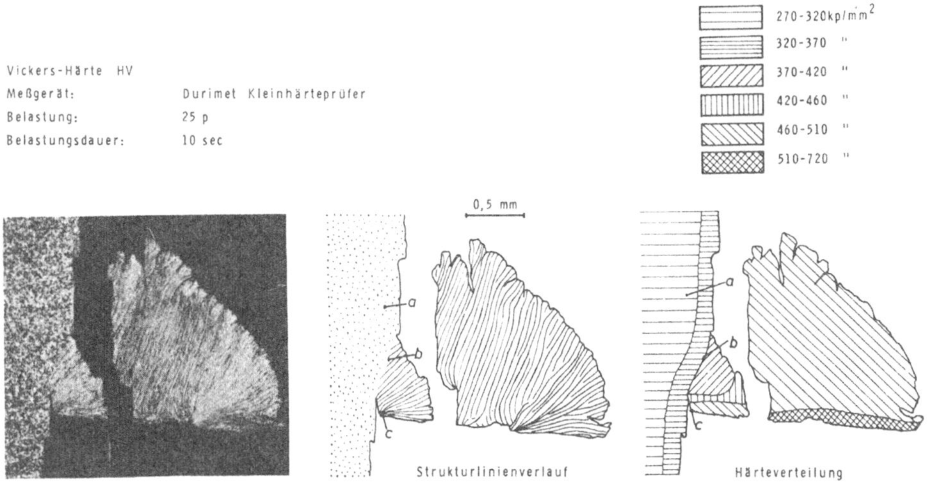

Abb. 11 Gefügeverlauf und Härteverteilung in den Verformungszonen bei der Entstehung eines Scherspanes

Werkstoff: 35 NC 6 N

Schneidstoff: Hartmetall P 30

Schnittgeschwindigkeit: $v = 1$ m/min

Spanungsquerschnitt: $a \cdot s = 2 \cdot 0{,}4$ mm²

Schneidengeometrie:

α	γ	λ	$\varkappa$	ε	r
5°	6°	0°	90°	85°	0,5 mm

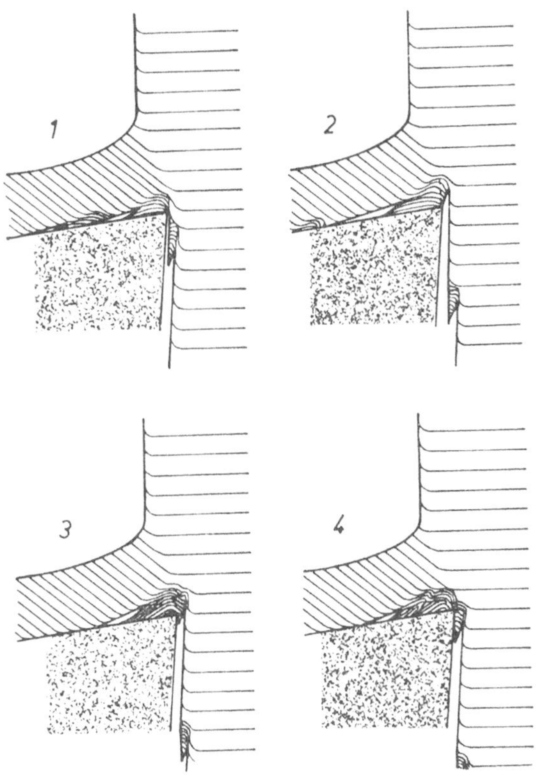

Abb. 12 Abwandern von Partikeln der Aufbauschneide mit der Spanunterseite und der Schnittfläche (schematische Darstellung nach SCHWERD [36])

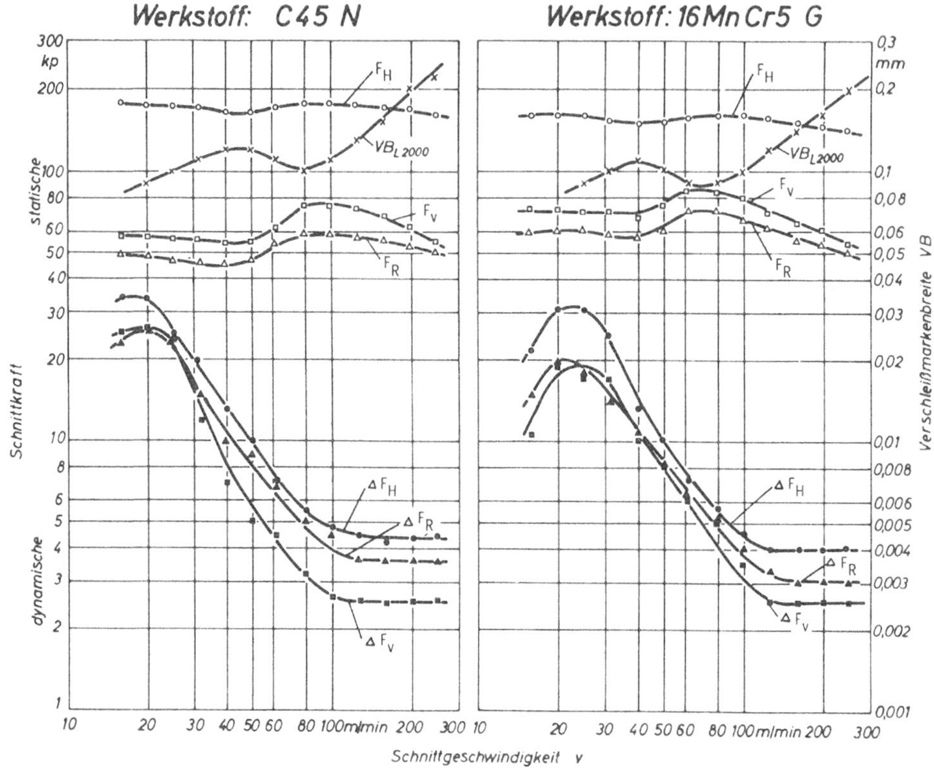

Abb. 13 Einfluß der Schnittgeschwindigkeit auf den dynamischen und statischen Schnittkraftanteil bei der Bearbeitung der Werkstoffe C 45 N und 16 MnCr 5 G

Schneidstoff: Hartmetall P 10

Spanungsquerschnitt: $a \cdot s = 3 \cdot 0{,}25\ \text{mm}^2$

Schneidengeometrie:

α	γ	λ	$\varkappa$	ε	r
5°	6°	0°	70°	90°	1,2 mm

Abb. 14 Versuchsbedingungen wie Abb. 13, Werkstoff C 45 N, Vergleich der Spanunterseite bei verschiedenen Schnittgeschwindigkeiten

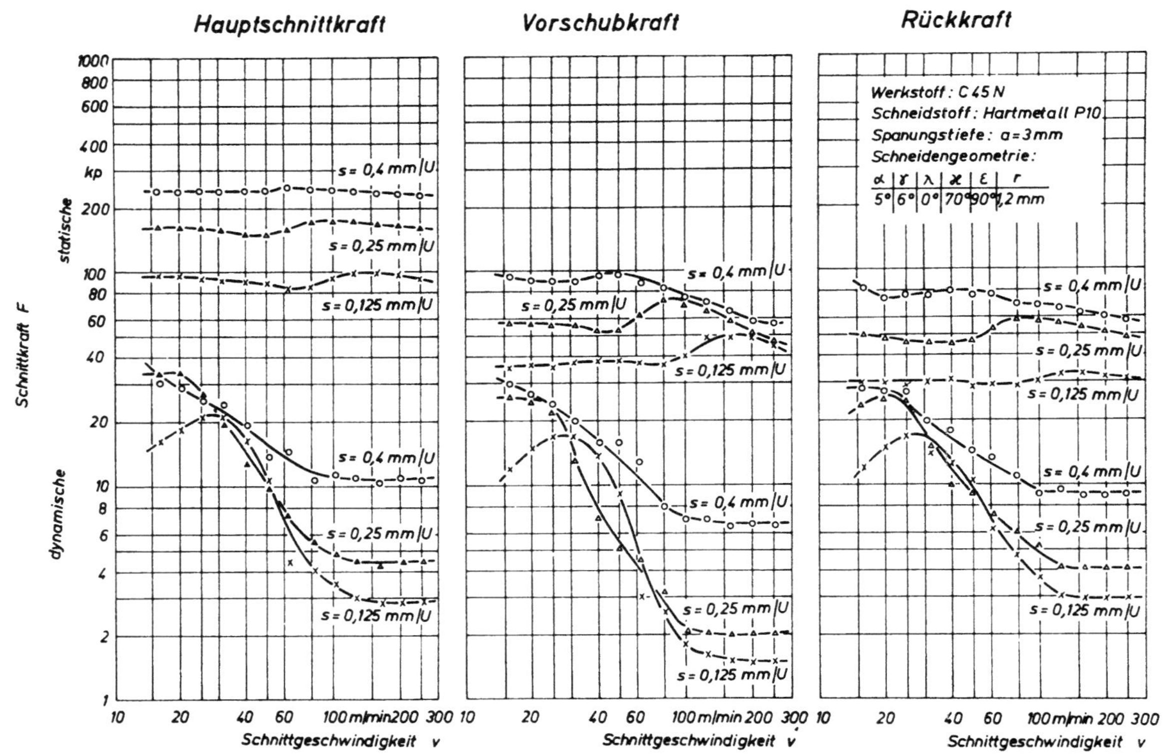

Abb. 15 Einfluß der Schnittgeschwindigkeit auf den dynamischen und statischen Schnittkraftanteil bei verschiedenen Vorschüben

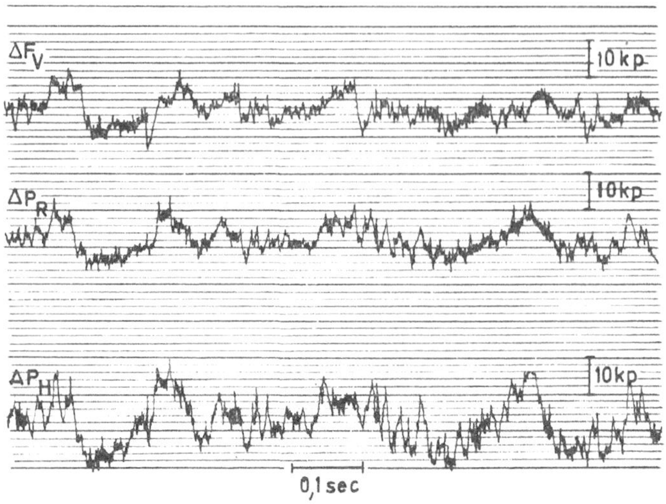

Abb. 16 Versuchsdiagramm zur Ermittlung der dynamischen Kraftkomponenten

Werkstoff: C 45 N

Schneidstoff: Hartmetall P 10

Schnittgeschwindigkeit: $v = 25$ m/min

Spanungsquerschnitt: $a \cdot s = 3 \cdot 0{,}25$ mm²

Schneidengeometrie:

α	γ	λ	$\varkappa$	ε	r
5°	6°	0°	70°	90°	1,2 mm

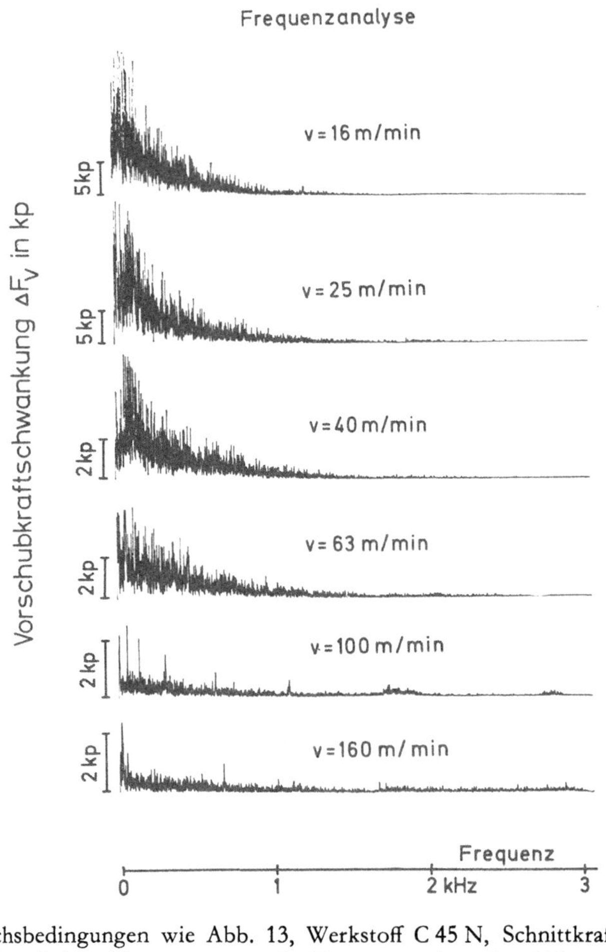

Abb. 17 Versuchsbedingungen wie Abb. 13, Werkstoff C 45 N, Schnittkraftschwankungen der Vorschubkraftkomponente mit Frequenzanalyse in Abhängigkeit von der Schnittgeschwindigkeit

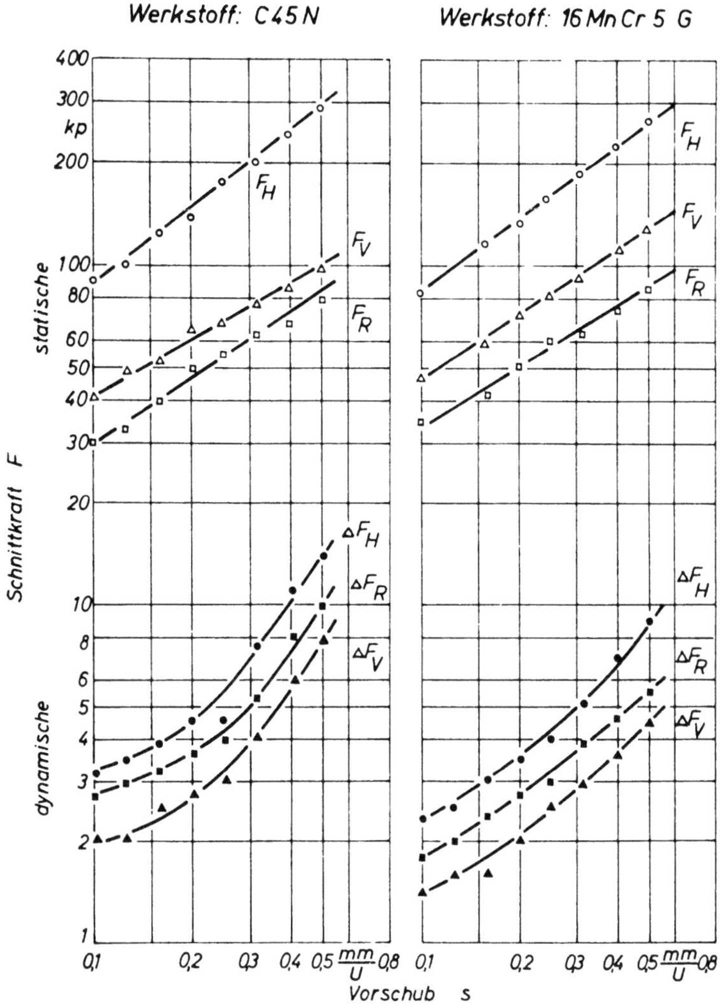

Abb. 18 Einfluß des Vorschubes auf den statischen und dynamischen Schnittkraftanteil bei der Bearbeitung der Werkstoffe C 45 N und 16 MnCr 5 G

Schneidstoff:	Hartmetall P 10	Schneidengeometrie:						
Schnittgeschwindigkeit:	$v = 125$ m/min	α	γ	λ	$\varkappa$	ε	r
Schnittiefe:	$a = 3$ mm	5°	6°	0°	70°	90°	1,2 mm

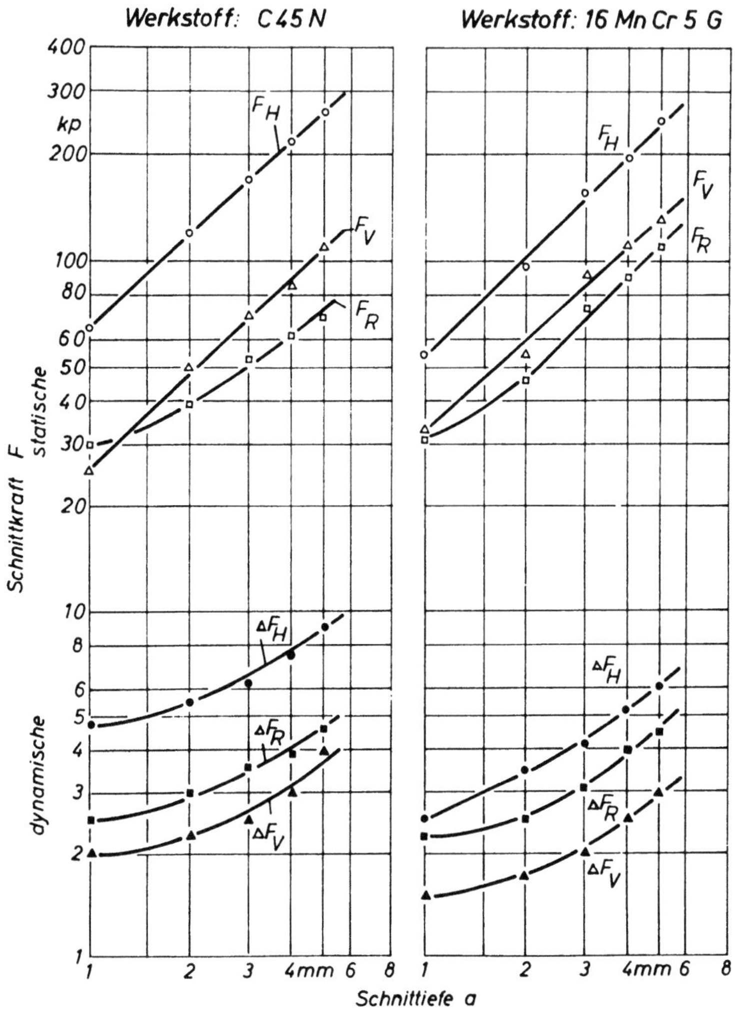

Abb. 19 Einfluß der Schnittiefe auf den statischen und dynamischen Schnittkraftanteil der einzelnen Kraftkomponenten

Schneidstoff: Hartmetall P 10

Schnittgeschwindigkeit: $v = 125$ m/min

Vorschub: $s = 0{,}25$ mm/U

Schneidengeometrie:

α	γ	λ	$\varkappa$	ε	r
5°	6°	0°	70°	90°	1,2 mm

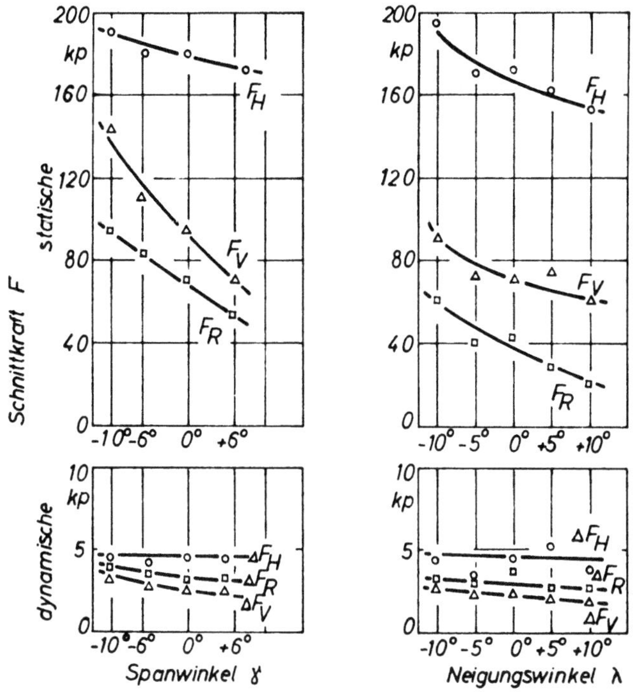

Abb. 20 Einfluß des Spanwinkels und des Neigungswinkels auf den statischen und dynamischen Schnittkraftanteil

Werkstoff: C 45 N
Schneidstoff: Hartmetall P 10
Schnittgeschwindigkeit: $v = 125$ m/min
Spanungsquerschnitt: $a \cdot s = 3 \cdot 0{,}25$ mm²

Schneidengeometrie:

α	γ	λ	$\varkappa$	ε	r
5°	—/6°	—/0°	70°	90°	1,2 mm

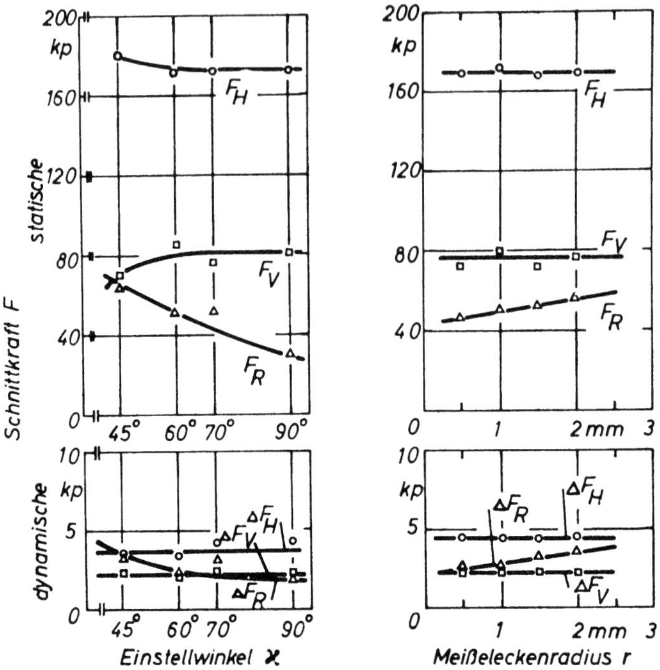

Abb. 21 Einfluß des Einstellwinkels und des Meißeleckenradius auf den statischen und dynamischen Schnittkraftanteil

		Schneidengeometrie:					
Werkstoff:	C 45 N	α	γ	λ	$\varkappa$	ε	r
Schneidstoff:	Hartmetall P 10	5°	6°	0°	—/70°	85°	1,2 mm
Schnittgeschwindigkeit:	$v = 125$ m/min						
Spanungsquerschnitt:	$a \cdot s = 3 \cdot 0{,}25$ mm²						

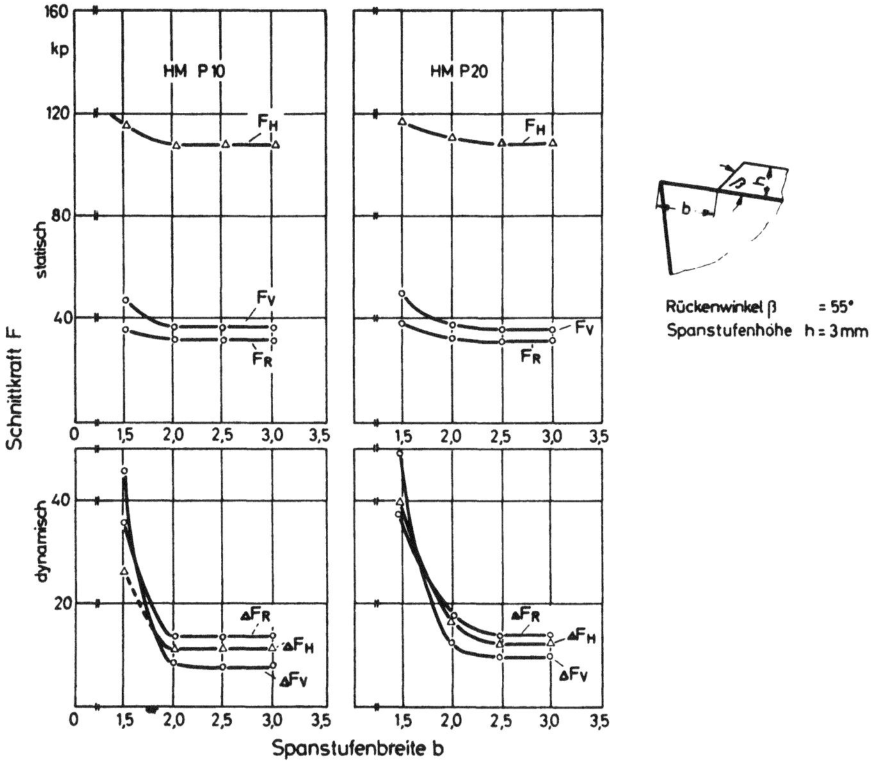

Abb. 22 Einfluß der Spanstufenbreite auf statische und dynamische Schnittkräfte für zwei verschiedene Hartmetallqualitäten

Werkstoff: Cm 55 N
Schneidstoff: Hartmetall
Schnittgeschwindigkeit: $v = 160$ m/min
Spanungsquerschnitt: $a \cdot s = 2 \cdot 0{,}25$ mm²

Schneidengeometrie:

α	γ	λ	$\varkappa$	ε	r
5°	6°	0°	60°	90°	0,8 mm

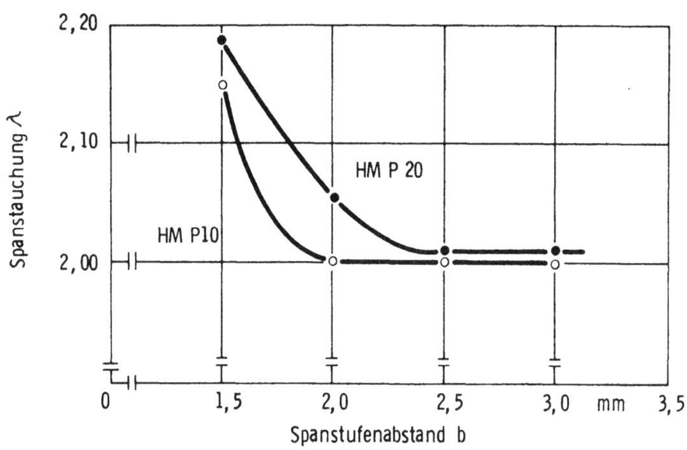

Abb. 23 Abhängigkeit der Spanstauchung vom Spanbrecherabstand für zwei verschiedene Hartmetallqualitäten

Werkstoff: Cm 55 N
Schneidstoff: Hartmetall
Schnittgeschwindigkeit: $v = 160$ m/min
Spanungsquerschnitt: $a \cdot s = 2 \cdot 0{,}25$ mm²

Schneidengeometrie:

α	γ	λ	$\varkappa$	ε	r
5°	6°	0°	60°	90°	0,8 mm

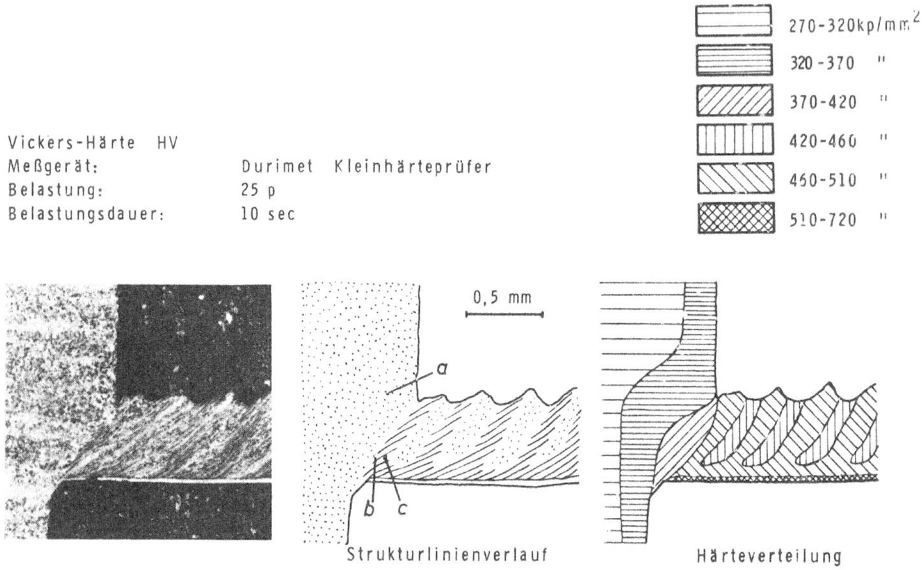

Abb. 24 Gefügeverlauf und Härteverteilung in einem Lamellenspan

Werkstoff:	35 NC 6 N	Schneidengeometrie:					
Schneidstoff:	Hartmetall P 30	α	γ	λ	$\varkappa$	ε	r
Schnittgeschwindigkeit:	$v = 160$ m/min	5°	0°	0°	90°	85°	0,5 mm
Spanungsquerschnitt:	$a \cdot s = 2 \cdot 0{,}4$ mm²						

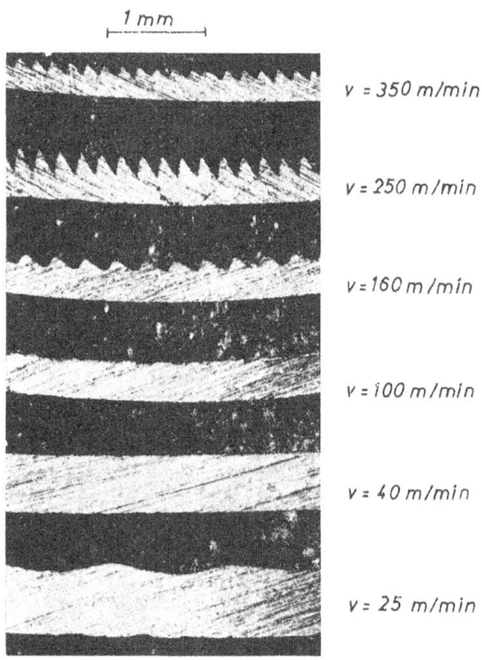

Abb. 25 Einfluß der Schnittgeschwindigkeit auf die Spanlamellenhöhe

Werkstoff:	35 NC 6 N	Schneidengeometrie:					
Schneidstoff:	Hartmetall P 10	α	γ	λ	$\varkappa$	ε	r
Spanungsquerschnitt:	$a \cdot s = 2 \cdot 0{,}25$ mm²	5°	—6°	—6°	70°	90°	0,8 mm

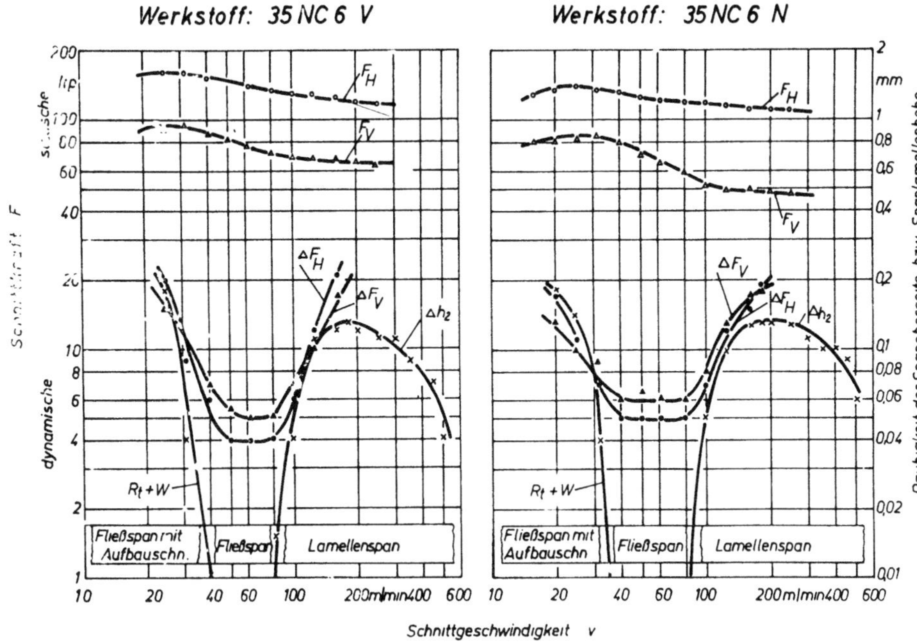

Abb. 26 Einfluß der Schnittgeschwindigkeit auf den statischen und dynamischen Schnittkraftanteil bei Spanlamellenbildung

Schneidstoff: Hartmetall P 10

Spanungsquerschnitt: $a \cdot s = 2 \cdot 0{,}25\ \text{mm}^2$

Schneidengeometrie:

α	γ	λ	$\varkappa$	ε	r
5°	—6°	—6°	70°	90°	0,8 mm

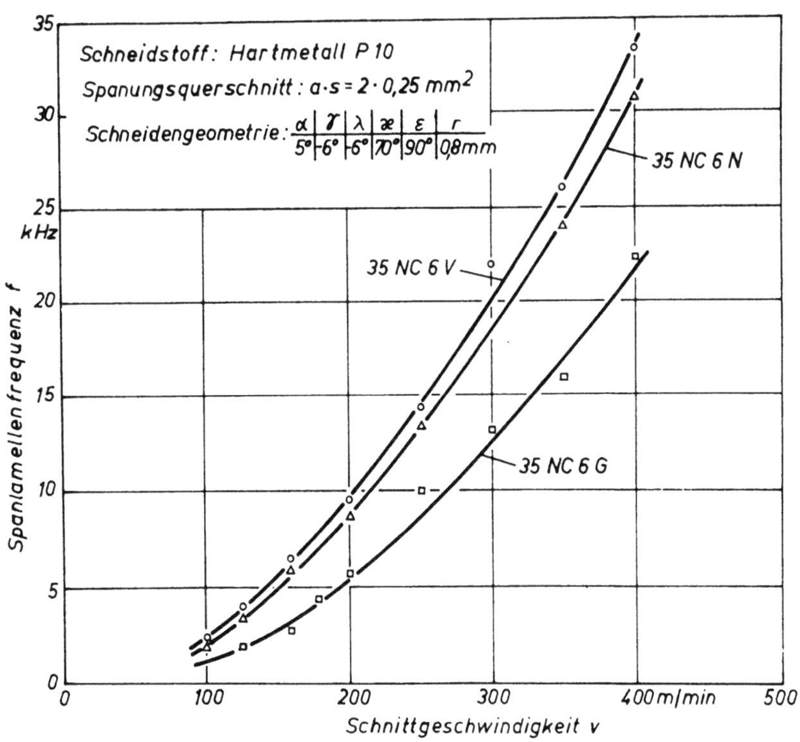

Abb. 27 Versuchsbedingungen wie Abb. 26, Einfluß der Schnittgeschwindigkeit auf die Spanlamellenfrequenz

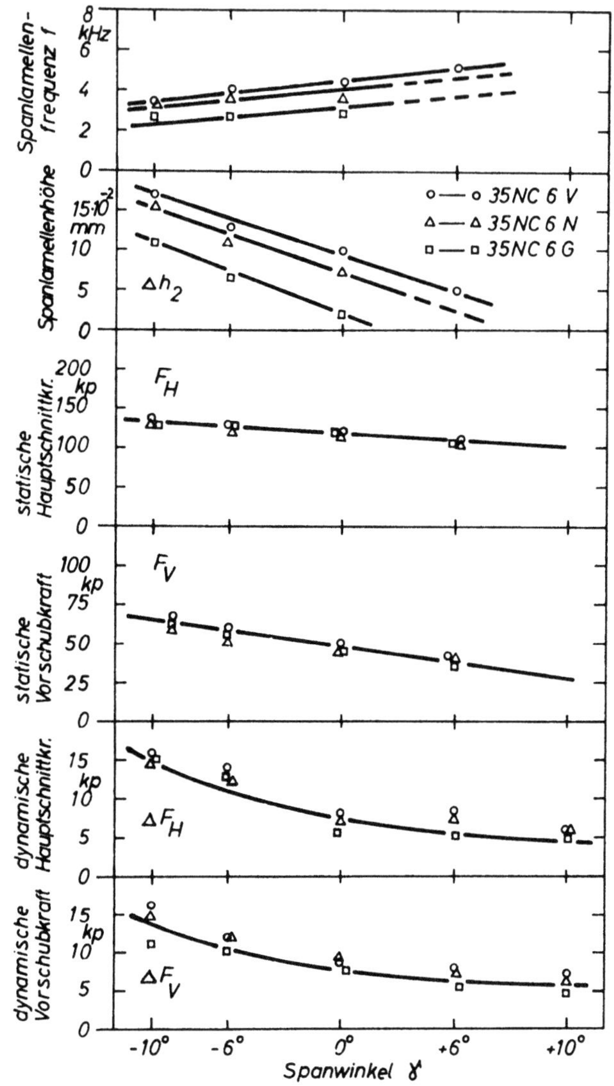

Abb. 28 Einfluß des Spanwinkels auf die Spanlamellenfrequenz, Spanlamellenhöhe sowie auf den statischen und dynamischen Schnittkraftanteil

Schneidstoff:	Hartmetall P 10	Schneidengeometrie:						
Schnittgeschwindigkeit:	$v = 125$ m/min	α	γ	λ	$\varkappa$	ε	r
Spanungsquerschnitt:	$a \cdot s = 2 \cdot 0{,}25$ mm²	5°	–	—6°	70°	90°	0,8 mm

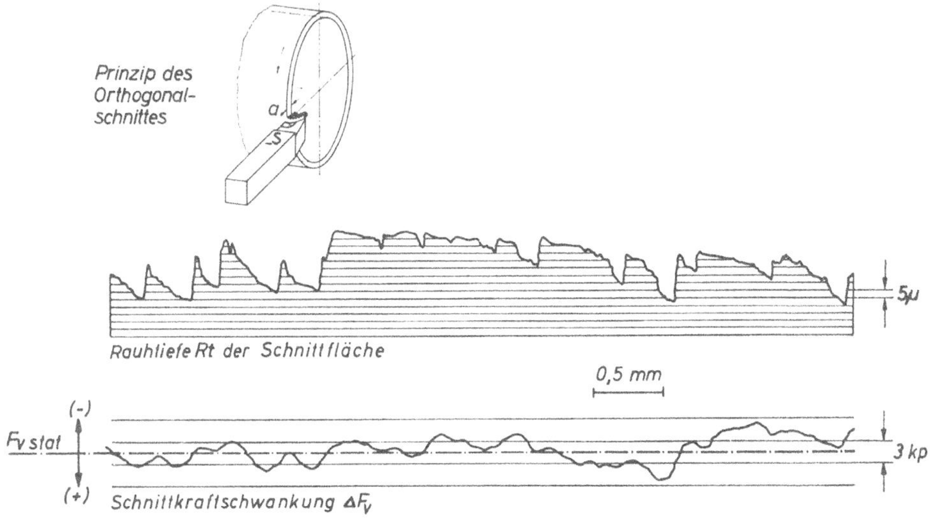

Abb. 29 Gegenüberstellung von Schnittkraftverlauf und Oberflächenprofil beim Drehen im Orthogonalschnitt

Werkstoff:	Ck 45 N
Schneidstoff:	Hartmetall P 30
Schnittgeschwindigkeit:	$v = 3$ m/min
Spanungsquerschnitt:	$a \cdot s = 3 \cdot 0{,}1$ mm²

Schneidengeometrie:

α	γ	λ	$\varkappa$	ε	r
6°	6°	0°	90°	85°	1,0 mm

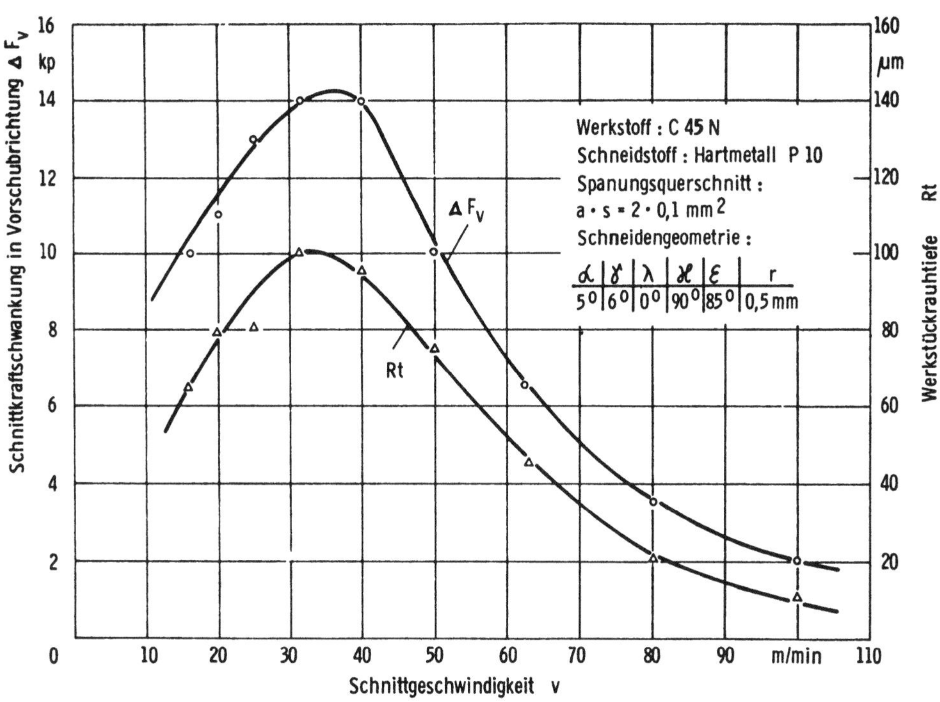

Abb. 30 Abhängigkeit der Werkstückrauhtiefe Rt und der Schnittkraftschwankung in Vorschubrichtung ΔF_V beim Drehen im Orthogonalschnitt

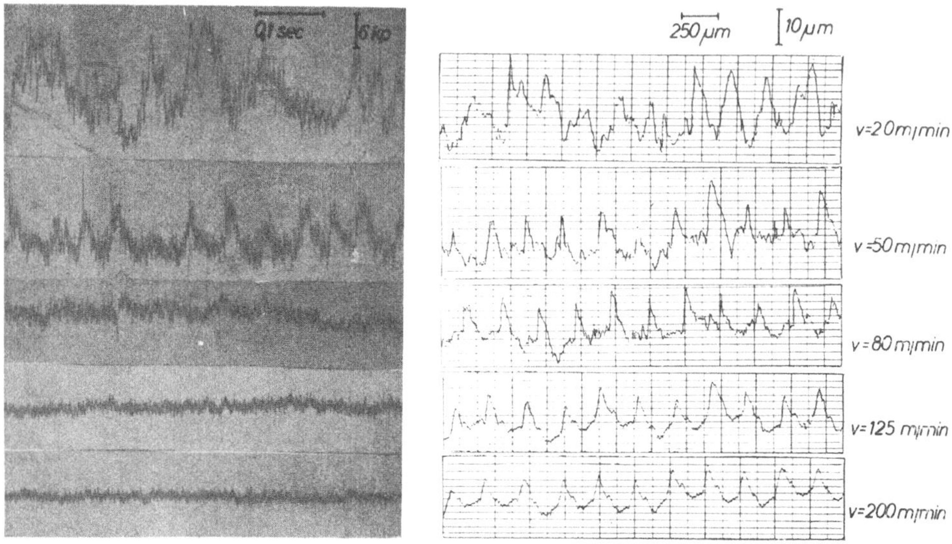

Abb. 31 Vergleich der Abtastdiagramme von Werkstückoberflächen mit dem Schnittkraftverlauf in Rückkraftrichtung für verschiedene Schnittgeschwindigkeiten beim Längsdrehen

		Schneidengeometrie:					
Werkstoff:	C 45 N						
Schneidstoff:	Hartmetall P 10	α	γ	λ	$\varkappa$	ε	r
Spanungsquerschnitt:	$a \cdot s = 3 \cdot 0{,}25\ mm^2$	5°	6°	0°	70°	90°	1,2 mm

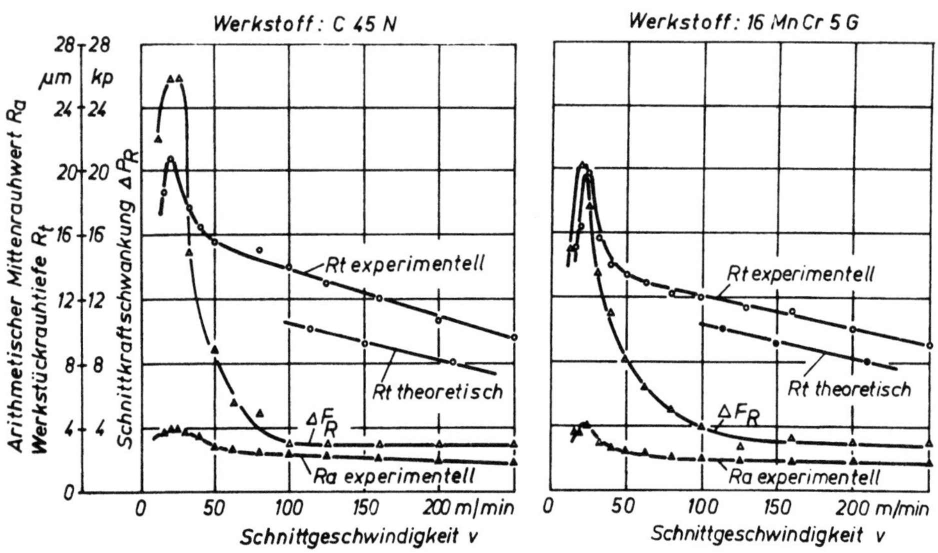

Abb. 32 Versuchsbedingungen wie Abb. 31, Abhängigkeit der Werkstückrauhtiefe Rt und der Schnittkraftschwankung in Rückkraftrichtung ΔF_R von der Schnittgeschwindigkeit beim Längsdrehen

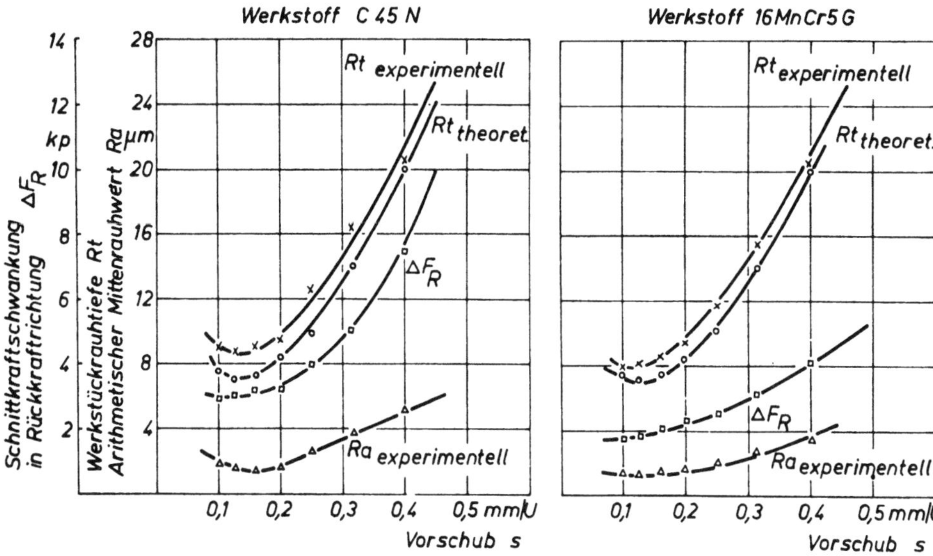

Abb. 33 Abhängigkeit der Werkstückrauhtiefe Rt und der Schnittkraftschwankung in Rückkraftrichtung ΔF_R vom Vorschub beim Längsdrehen

Schneidstoff: Hartmetall P 10
Schnittgeschwindigkeit: $v = 125$ m/min
Schnittiefe: $a = 3$ mm

Schneidengeometrie:

α	γ	λ	$\varkappa$	ε	r
5°	6°	0°	70°	90°	1,2 mm

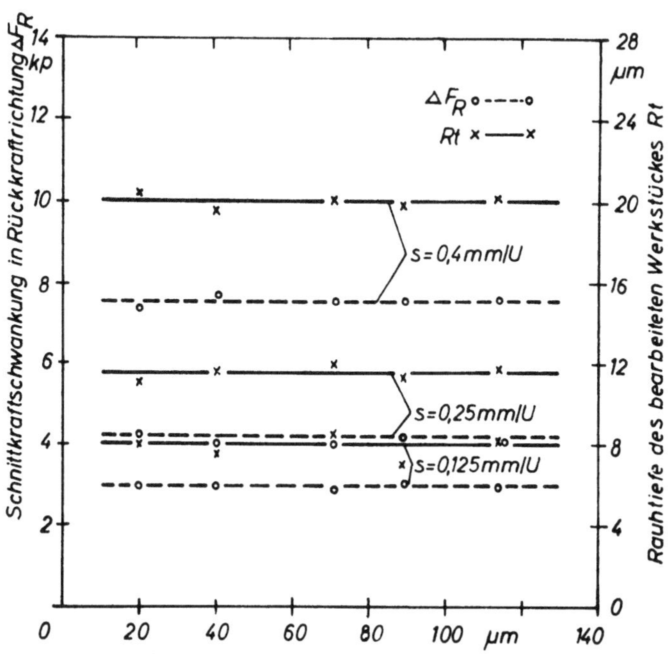

Abb. 34 Einfluß der Ausgangsrauhtiefe eines Werkstückes auf die Höhe des dynamischen Schnittkraftanteiles und die bearbeitete Werkstückoberflächengüte

Werkstoff: C 45 N
Schneidstoff: Hartmetall P 10
Schnittgeschwindigkeit: $v = 125$ m/min
Schnittiefe: $a = 2$ mm

Schneidengeometrie:

α	γ	λ	$\varkappa$	ε	r
5°	6°	0°	70°	90°	1,2 mm

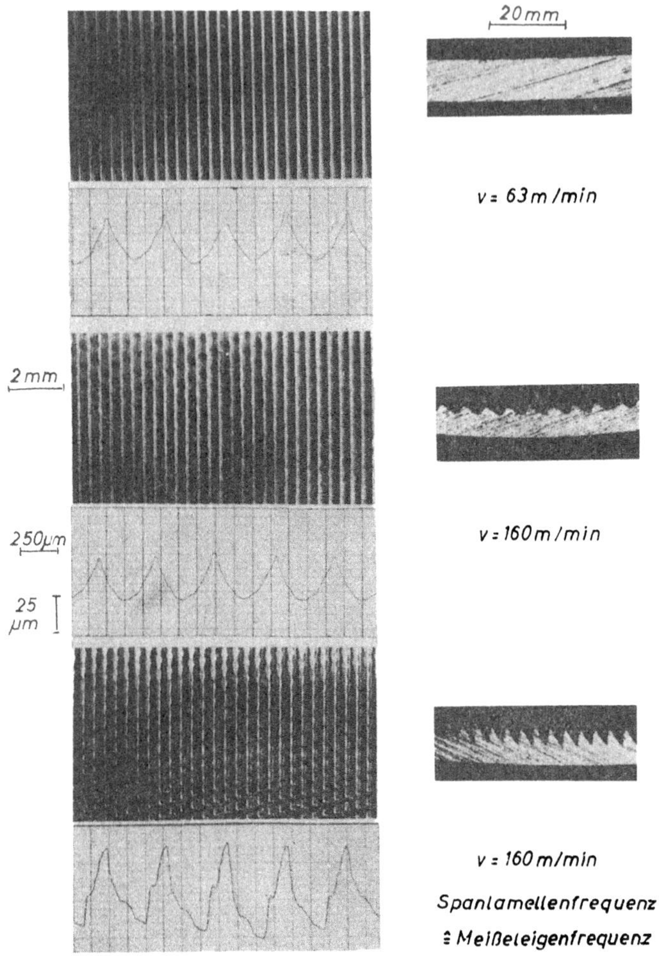

Abb. 35 Einfluß der Spanlamellenbildung auf die Werkstückoberflächengüte

Werkstoff:	35 NC 6 V	Schneidengeometrie:						
Schneidstoff:	Hartmetall P 10	α	γ	λ	$\varkappa$	ε	r	
Spanungsquerschnitt:	$a \cdot s = 2 \cdot 0{,}4$ mm²	5°	—6°	—6°	70°	90°	0,8 mm	

Forschungsberichte des Landes Nordrhein-Westfalen

Herausgegeben im Auftrage des Ministerpräsidenten Heinz Kühn
von Staatssekretär Professor Dr. h. c. Dr. E. h. Leo Brandt

Sachgruppenverzeichnis

Acetylen · Schweißtechnik
Acetylene · Welding gracitice
Acétylène · Technique du soudage
Acetileno · Técnica de la soldadura
Ацетилен и техника сварки

Arbeitswissenschaft
Labor science
Science du travail
Trabajo científico
Вопросы трудового процесса

Bau · Steine · Erden
Constructure · Construction material ·
Coil research
Sonstruction · Matériaux de construction ·
Recherche souterraine
La construcción · Materiales de construcción ·
Reconocimiento del suelo
Строительство и строительные материалы

Bergbau
Mining
Exploitation des mines
Minería
Горное дело

Biologie
Biology
Biologie
Biologia
Биология

Chemie
Chemistry
Chimie
Quimica
Химия

Druck · Farbe · Papier · Photographie
Printing · Color · Paper · Photography
Imprimerie · Couleur · Papier · Photographie
Artes gráficas · Color · Papel · Fotografía
Типография · Краски · Бумага · Фотография

Eisenverarbeitende Industrie
Metal working industry
Industrie du fer
Industria del hierro
Металлообработывающая промышленность

Elektrotechnik · Optik
Electrotechnology · Optics
Electrotechnique · Optique
Electrotécnica · Optica
Электротехника и оптика

Energiewirtschaft
Power economy
Energie
Energía
Энергетическое хозяйство

Fahrzeugbau · Gasmotoren
Vehicle construction · Engines
Construction de véhicules · Moteurs
Construcción de vehículos · Motores
Производство транспортных средств

Fertigung
Fabrication
Fabrication
Fabricación
Производство

Funktechnik · Astronomie
Radio engineering · Astronomy
Radiotechnique · Astronomie
Radiotécnica · Astronomía
Радиотехника и астрономия

GPSR Compliance

The European Union's (EU) General Product Safety Regulation (GPSR) is a set of rules that requires consumer products to be safe and our obligations to ensure this.

If you have any concerns about our products, you can contact us on ProductSafety@springernature.com

In case Publisher is established outside the EU, the EU authorized representative is:

Springer Nature Customer Service Center GmbH
Europaplatz 3
69115 Heidelberg, Germany

Batch number: 10584556

Printed by Printforce, the Netherlands